JN043109

物理学の原理と法則

科学の基礎から「自然の論理」へ

池内　了

講談社学術文庫

まえがき

二〇一一年、歴史上稀《まれ》に見る大地震と大津波、そして原発事故が発生した。「原発震災」と呼ぶ複合災害が生じたのである。

地震は、地下のプレートがぶつかる場所で岩盤破壊が起こり、地層が大きく揺動することが原因である。津波は、地震によって生じた海底面のズレや断層が海水面を揺り動かし、それが波となって伝わって浅瀬で急成長する。原発は、原子の中心にある原子核の分裂によって発生したエネルギーを利用しているが、そのときに多量に生じる放射性物質（放射能）が原子炉から放出され、放射能汚染を引き起こす危険性が現実のものとなった。

いずれも、物理学の原理や法則が複雑な過程を通して出現したもので、それらの解析には物理学の知見が不可欠である。とはいえ、実際に生じている事象にはさまざまな要素が関連し作用しあっているから答えを出すのは簡単ではなく、どのように事態が進展するか予測することが困難である。

物理学の手法は、まず「理想的」で単純な要素を抜き出し、その基本的な運動や反応の法則を明らかにすることから出発する。そして、さまざまな条件を考慮して「現実」の物質の振る舞いに適用する。理想と現実のギャップが、複雑な系を取り扱うことを困難にしていることが多い。

そこで明確に言えることは、当たり前のことだが、基本法則をきちんと押さえておくことの重要性である。それ抜きにしては、複雑な系を解析することができないからだ。基礎がおろそかであれば、そもそも応用は不可能なのである。

物理学の精神は、単純、簡明、統一、原理主義、などの言葉に集約されるだろうか。物理学者は、多様で複雑に見える自然だが、真理は意外に単純明快であり、論理を忠実にたどっていけば必ず真理に到達できると信じている。アインシュタインが述べたように、「神は老《ろう》獪《かい》だが、意地悪ではない」のである。そのための自然を解剖していく手法は、本書に書いたような原理・法則・原則に則っている。どのような建築物もレンガ一つひとつの積み重ねから成り立っているように、壮大な物理学の成果も、最も基本的な原理の上に構築されているのである。その意味で、常に基本に立ち戻ることが重要だと言える。

本書では、物理学の最も基礎をなす原理・法則・原則を解説した。物理学と言えば、難しい概念や数式を駆使していると思われがちだが、基本の基本に立ち返ってみれば意外に単純で理解しやすいことを知ってもらいたいと願ってのことである。そのため、歴史上のエピソードや文学作品なども引用して、物理学の考え方に親しめるよう工夫した。物理学の基本を押さえておきたい人、物理学は中学校以来という文系の人、物理学に疎いと思っている人や食わず嫌いの人、興味はあるが適当な本がないと思っている人、昔勉強したがもう忘れてしまったという人など、多くの方に手にとっていただけると嬉しい限りである。

可能な限りわかりやすく書いたつもりなのだが、正確に書くべきという物理学者としての性癖と、多くのことを書いておきたいという色気もあって、難しくなった部分もある。それらに引っかかった場合は、読み飛ばしていただいて構わない。各項目が独立しているので、気に入ったところだけ拾い読みできるようにしてある。

本書を読んで、少しでも物理学に親近感を持ち、そのような目で周囲を見るならば、何か新しい発見があるかもしれませんよ。

目次

物理学の原理と法則

まえがき……3

第1章　原理、法則、定理とは何か……14

物理学の大前提／物理学の要件／物理学の言葉／物理学の原則とは何か／物理学者は原理主義者である／歴史的な産物／科学の大原則――因果律／科学という人間の行為

第2章　物理学の原理……30

アルキメデスの原理――「エウレーカ」の叫びが響く／浮力の原理――船はなぜ浮くのか／テコの原理――ローマ軍を襲う鉄の爪／パスカルの原理――ジャッキで車が持ち上がるわけ／フェルマーの原理――光は常に最短距離を選ぶ／相対性原理――ガリレオからアインシュタインへ／光速不変の原理――アインシュタイン、エーテルを追放／等価原理――重力質量と慣性質量は同じ／パウリ原理――ゆえ

に、原子は安定して存在する／不確定性原理——完全に静止した物体はない／宇宙原理——人間は特別な存在ではない

第3章　物理学の法則……………………………………85

平行四辺形の法則——力学の、基礎の基礎／自由落下の法則——中也さんはわかっていなかった／慣性の法則——地上でも船上でも力学法則は同じ／運動量保存則——相撲取りがガツンとぶつかると／角運動量保存則——生卵とゆで卵の見分け方／回転する座標系の慣性力——回るといろいろな力が生じる／ケプラーの法則——第一法則はケプラー自身を悩ませた／万有引力の法則——なぜ、距離の二乗に反比例するのか／ニュートンの運動の法則——ボールも銀河も支配する／エネルギー保存則——無からエネルギーは生み出せない／フックの法則——バネから、音や電気まで／ベルヌーイの法則（定理）——野球のフォークは自由落

下／熱力学の法則――宇宙の秩序はなぜ崩壊しないのか／プランクの法則――波長が短いと、光は粒子的に振る舞う／$E=mc^2$――原爆と原発の違いとは／ハッブル＝ルメートルの法則――銀河の遠ざかる速さは距離に比例する

第4章　物理学の原則……151

対称性――時間・空間の変換と物理法則／不変性・共変性――これを満たしてこそ真の理論／相似性――木の枝は自己相似性を示す／安定性――安定とは、エネルギーが最低の状態／相反性（相反定理）――逆も同じ確率で起こる／相補性――量子力学が備える要件／統計性――偏差値の計算方法とは？

第5章　自然の論理と人間の思考……183

自然の論理――多様な可能性からの自然の選択
基本物質・力・構造・反応性／統一からの分岐／極限的世

界の純粋性／原理的世界は対称で唯一、現実世界は非対称で唯一／統一を目指しての普遍化への歩み／数学の成功／簡明さと審美性

人間の思考——多様な可能性からの人間の選択

演繹法と帰納法／分析と総合、あるいは要素還元主義と複雑系／微分的思考と積分的思考／直感的と論理的／線形と非線形、あるいは直線と曲線／定性的記述と定量的記述／相関関係と因果関係／ドグマへの固執／「わけのわからない」理論

学術文庫版あとがき……236

イラスト——飯箸薫

物理学の原理と法則

科学の基礎から「自然の論理」へ

第1章　原理、法則、定理とは何か

物理学の大前提

まず始めに物理学（というより科学一般）の大前提（信念というべきかもしれない）を述べておきたい。それは、自然界の現象は一見バラバラで脈絡なく生じているように見えるが、そこには何らかの規則性があり、それは必ず解明でき、そうすることによって原因と結果の関係を明らかにすることができる、という前提である。これを**自然の一様性の原理**と呼ぶ。要するに、自然が引き起こしているすべての事象は人間の知恵によって理解できると考えるのだ。いかにも傲慢《ごうまん》そうに見えるが、そのような前提（あるいは信念）があるからこそ、科学の研究が持続できるのである。

例えば、一見不規則に運動をする魚がいるとしよう（図1－1）。その運動には何ら規則性がないように見える。しかし、その運動変化をいろいろな波長成分に分け、どのような波長成分が卓越しているかを求め、なぜその成分が卓越するかを考えるのである。そこに何らかの普遍的理由（例えば、水の流れやエサの分布）が発見できれば、それが主要な役割を果たしていると推定できる。さらに、元の運動からその波長成分を差し引いて残った量に同じような処方をして、次に効果のある波長成分を抽出して（例えば、水温の分布）関係づけ

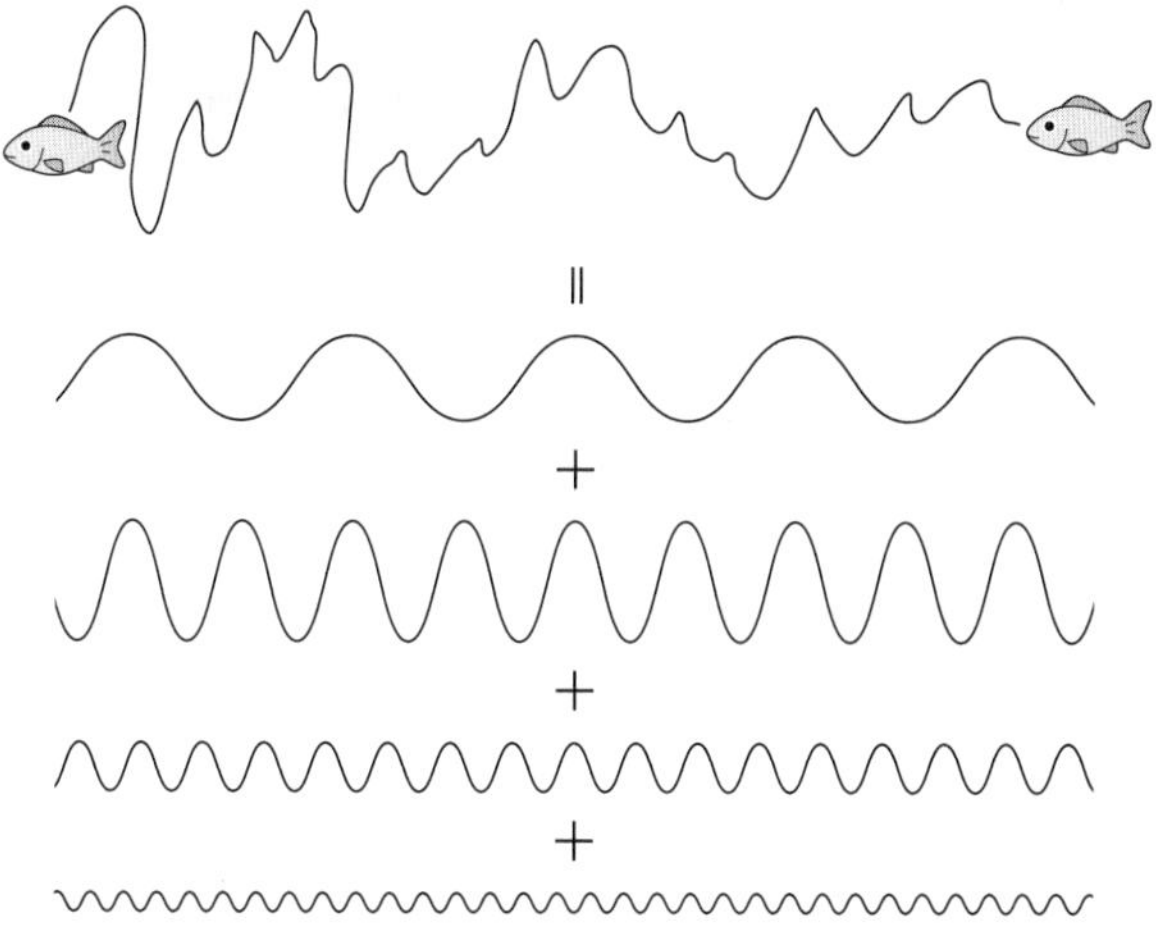

図1－1　自然の一様性の原理
不規則な運動から普遍的理由を探る

る。このような手続きを繰り返すことによって、魚の泳ぎ方に影響を及ぼす可能性のすべてを汲み出せると考えるのである。

ところが、株価の変動では波長成分に分けても意味ある変化が引き出せないことが多い。そのような場合でも、時間軸を引き伸ばしたり縮めたりし、株の価格を上下させることによって、全く違った時期や状況であるにもかかわらず、その変化のパターンがピタッと一致することがある。そのような場合、規模や期間は異なっていても類似の法則が働いていることがわかる。

いかなる現象も原因があって変化は法則的であり、それは合理的に説明することができる、と考えるのだ。そのような自然の一様性の原理を信じているために、物理学者は自然が示すどんな問題にもチャレンジしようとするのである。

物理学の要件

自然界に生じているさまざまな現象を、その現象を担う基本的物質を想定し、その性質・運動・反応性などによって説明できる理論を構築するのが物理学の目的である。そのために、現象を担う基本的な物質が未知の場合は仮想的な物質を想定し、現象に合うような性質を付与し、時には奇想天外な仕掛けも考える。しかし、重要なことは、それらの工夫はある特殊な一つの現象にしか適用できないのではなく、その他の事象にも同様に適用できねばならない。**普遍性**がなければならないのだ。物理学の理論は、より多くの現象を統一して説明できることが第一条件なのである。そのことは、理論が**予言性**を持っていなければならないことを意味する。検証すべき現象だけでなく、新たな現象や思いがけない未知の事象との関係性が予言され、それが現実に実証されることによって理論の正当性が確立するからだ。また、それこそが理論の力なのである。

同時に、理論は**単純**でなければならない。単純であればこそ、普遍性があり、堅固であり、多くの応用が可能である。壮大なゴチック建築もレンガ一つひとつの積み重ねの上に構築されている。理論はレンガのように、しっかりした土台の役割を果たす。そして、その多様な組み合わせによる展開によって多くの系に適用することができるのだ。言葉を違《たが》えて言えば、理論は夾雑物《きょうざつぶつ》のない簡明さという美を備えていなければならない。物理学者は、この審美性によって理論の正邪を嗅ぎ分けている。

歴史的にはこんなことが繰り返されてきた。ある現象に対して一つの理論が提案される。それは正しそうなのだが、入り組んでいて審美眼を満足させない。また、特殊な問題だけにしか適用できないように見える。そこでその理論はブラッシュアップされる。つまり、本質に関係ない部分は取り払われ、重要で簡明な言明や論理だけが残されるのだ。結果的に得られた理論は、元のものとは大きく様変わりし、一般性をより多く獲得した分だけ適用範囲はより拡大している。こうして理論は鍛えられ進化していくのである。そのような過程を経て、さまざまな現象を過不足無く説明できることがわかった理論を、私たちは「真理」と呼んでいる。

物理学の言葉

ところで、物理学（のみならず科学一般）には理《ことわり》を表現する言葉が多く存在する。思いつくまま挙げても、原理、法則、則・律、定理（公式）、効果、関係式などがある。そして、これらの言葉の本来の意味とは外れた言葉の使い方も多い。証明できないと思われていた言明が実は証明できることであったり、便法と思われていた処方に大きな意味が隠されていたりすることが後でわかるからだ。その理の発見の歴史を引きずっているためである。そこで、まず言葉の本来の意味を述べておこう。

原理：物理学の理論を構成する基礎は、単純で普遍的な「原理」である。原理は、誰にとっても正しいと思われる言明だが、直接証明することができない（これを仮説ということもあるが、一般に仮説は個々の現象に対し研究を進めていく上で置く仮定のことで、原理に比べて適用範囲が狭い）。その言明を基礎にして理論が組み立てられる。例、光速不変の原理、等価原理。

法則：理論を体現するのは原理から導かれた「法則」であり、一般に数式によって表現される。これを定量化と呼ぶ。数式で書くことによって一般性が確保され、さまざまな系への適用が可能になる。とはいえ、原理は同じであっても法則として表現する方法は必ずしも唯一ではないから、いかに現象を正確かつ簡明に記述しているかが判断基準である。

法則も一般に直接証明することは不可能である。直接証明できないという意味では原理と法則は不可分の関係にあり、同一視しても構わない場合も多い。それを受け入れることによって物理量の間の関係が導かれ、実験と照らし合わせることでその正邪が判定できるのである。例、ニュートンの運動の法則、マクスウェルの電磁気の法則。

則・律：法則を数式で表現する「規則」や原理を表現する「自然律」を意味する。これらも証明できない。例、ベクトルの和則、因果律。以下で変換則という言葉をよく使うが、異なった座標系の間をつなぐ規則のことである。例、ガリレオ変換、ローレンツ＝フィッツジェラルド変換。

定理：法則から導かれるのが「定理」（数式で表現すれば公式）である。定理（公式）は、法則の正しさを認めれば、それから導かれる物理量の間の関係を用いて証明することができる。例、ベルヌーイの定理、渦定理。

効果：ある現象を特徴的に表現するのが「効果」である。法則を用いて詳しく解析すれば証明することができる。例、光電効果、コンプトン効果。

関係式：文字通り物理量の間をつなぐ「関係」のことで、現象を整理する場合があり、また定理や公式と類似の意味を持つことも多い。原理を表現する場合もある。例、スケーリング関係式、マイヤーの関係式。

例示してみよう。**光速不変の原理**がある。いかなる慣性系から見ても真空中では光の速さは同じという原理であり、この原理は実験によってその正しさが確かめられているが、これこれの理由でそれが正しいということを証明できない。あくまで実験事実を基礎にしている。しかし、この原理を受け入れることで**特殊相対性理論**が組み立てられ、**法則性**（この場合は**変換則**で、二つの異なった等速運動をする慣性系〔九五ページ参照〕を結ぶ関係のこと）が予言される。この関係はあらゆる実験事実を過不足無く説明することに成功しており、それによって逆に光速不変の原理そのものの正しさが認められているのである。有名な$E=mc^2$の法則は、変換則から導かれる（従って、証明できる）から、特殊相対性理論の定理と言うこともできる。また、時間の遅れや同時性の破綻《はたん》などの思いがけない相対論的な**効果**も法則から導かれる。

ところで、同じ法則という言葉を使うが、力学においては意味が異なった二つのタイプがある。一つは万有引力の法則やクーロンの法則のような**力の法則**で、経験事実に合うように関数形が決められる。もう一つは**運動の法則**で、力学理論から必然的に導かれる。この二つの法則が組み合わさって実際の事物の運動を解くことができる。

さらに、運動量保存則という法則がある。それは、外部から力が働かなければ運動量（質量と速度をかけたもの）は一定に保たれるという言明だが、ニュートンの力学理論（運動の法則）から導かれ、証明できるから**定理**なのである。エネルギー保存則はもっと広い意味で使われる（力学的エネルギーだけでなく、熱や電気エネルギーも含むように一般化されている）が、本質的に同様と言える。

物理学の原則とは何か

物理学者は、原理や法則を打ち立てる上で、「**原則**」というものを暗々裏に仮定している。原理ほど強い言明ではないが、それを当然満たすことを理論の要請としていることだ。理論形式を構築する上では重要な指針で、これによって未知の現象が予言されたこともある。さらに、それが一般性を獲得して原則に留まらず、原理へと昇格することもあった。

例えば、電磁場の方程式を提案した際、マクスウェルは電場と磁場が全く対等の関係で入らねばならないという原則で余分の項を付け加えた。電場と磁場の間の「**対称性**」を原則においたのだ。やがて、その項の寄与は実験で確かめられたばかりでなく、相対性理論によって必要不可欠の項であることが示された。また、**繰り込みの方法**（例えば、電子の質量や電荷をさまざまな過程を考慮して計算すると無限大になってしまうが、そこに実際の観測値を入れて理論を収束させる手法）は、始めは単に理論の困難を取り繕う便法と考えられていたが、今では繰り込み可能かどうかは理論の判定原理となっている。

これほど明確ではないが、法則の「**類似性**」を原則として理論が打ち立てられることもある。自然はあまり突飛な挙動を示さず、類似現象が多くある。自然は法則を節約しているのかもしれない。電磁気学の法則と流体の法則には対応（類似）関係があって、全く異なった物理量であるにもかかわらず、本質的に似た振る舞いを示す。あるいは、空間や時間のスケール（大きさ）を適当に伸縮すれば同一の関係になることもある。二つの現象が、実際の空間や時間では大きな違いがあるのだが、スケールを変えて見れば同じになるというわけだ。

また、観測者の座標系が変わっても物理法則は変わらないという「**不変性**」を原則として（原理というべきかもしれない）採用している。まず、異なった等速直線運動をする二つの慣性系で見てニュートンの力学法則を不変とするガリレオの相対性理論があった。それをいかなる物理法則も不変だと拡大したのがアインシュタインの特殊相対性理論である。さらに、等速直線運動だけではなく加速度運動をする系の間でもすべての物理法則は不変（同じ形で書けるという意味で「**共変性**」ともいう）としたのが一般相対性理論である。

先に述べた「**対称性**」は、原則そのものと原則の破れという観点からも興味深い（原則は破られるためにある？）。対称性とは、例えば行きと帰り、右と左、物質と反物質など、時間・空間・物質に反対の状態を考え、それらが同じである（区別がつかない、対称である）とすることだ。物理学では、まずすべてが対称（区別がつかない）という原則をおいて理論を組み立てる。本来区別する理由がないからだ。しかし、それでは物理世界は構成できない。区別があるからこそ、さまざまに異なった性質や反応性を持った物質が存在し、それらの集合体としての物質構造が形成されるからだ。区別がつくということは、何らかのきっかけで対称性（原則）が破れていることを意味する。対称性の破れこそが、単純で普遍的な物質から複雑で特殊な物質を作り出して、原理的世界から現実世界への転化が起こるのである。

この考えは、生物の進化にも当てはまる。生物の進化とは、単細胞の原生生物から人間の出現まで、各進化段階で対称性が破れて特殊化し複雑化してきた歴史であるからだ。まず対称性という原則をおき、その原則がいかに破れて現実がもたらされたかを考えるのが科学であると言えるかもしれない。

物理学者は原理主義者である

物理学者の顕著な特徴を挙げるとすれば、原理主義者であるということだろうか。物理学者は原理の世界に忠実で、原理が指し示すことであればいかに異様で突飛であろうとも、単純に信じて真っ直ぐに進みたがるためである。この点では、聖書を唯一と信じるキリスト教原理主義やコーランの教えを信奉するイスラム原理主義と変わりはない（ただし、物理学原理主義者は物理の世界に限られるから人に迷惑をかけることはない）。

例えば、ジョージ・ガモフの**ビッグバン理論**を取り上げてみよう。ガモフは、宇宙が膨張していることを唯一の指導原理とした。すると、宇宙の過去に遡《さかのぼ》れば一点から始まらざるを得ない。宇宙膨張をさえぎるものがないのだから極限の点にまで考えるのは当然であるからだ。また、宇宙の出発点においては一切の物質構造が存在せず（一点まで潰れているから）、現在まで膨張する過程ですべての物質が形成されたと考えた。その仮定の下で一大絵巻のように目眩《めくるめ》く宇宙の進化を予言してみせたのである。「ビッグバン」とは、宇宙論の宿敵であったフレッド・ホイルによる「大口を叩く」とか「びっくり仰天」とかの揶揄《やゆ》の意味を込めての呼称であった。それほど奇想天外な理論と考えられていたとも言える。実際、ビッグバン理論が証明されたのは、ガモフが提案してから一八年も後のことであった。

あるいは、現在究極の理論として有力な候補となっている**超ひも理論**は、空間が一〇次元である（一一次元版もある）ことを予言する。素粒子をヒモ状あるいは膜状だとし原理の世界を忠実になぞって、さまざまな対称性を含み込み、かつ理論が破綻しないよう手当をしていけば、こんなにも次元が増えるのである。我々の空間は三次元しかないのは事実だから、残りの七次元はどうなったかを問えば、それは小さく丸まっていると答える。ヒモを遠くから見れば一次元にしか見えないが、近寄れば繊維が巻いている次元が見えてくる。さらにもっと近寄れば、ヒモの内部から外の方へ巻き方が異なるという次元も見えてくる。私たちはマクロに（遠くから）見ているから三次元なのであって、ミクロに（近づいて）見れば丸まっている残りの七次元が見えるというわけである。

このように、事実の一端をつかめばとことん原理的世界まで想像して法則を追究するのが物理学者の倣いであり、それによって発見した礎石《そせき》を基にして壮大な建築物を打ち立てようと絶えず狙っているのである。だから、同じ礎石から全く異なった建築物が出来上がる場合もある。例えば、同じマッハ原理から出発して、アインシュタインは重力の一般相対性理論を案出し、ブランスとディッケは異なった重力理論（ブランス＝ディッケ理論）を作り上げた。両者とも内部に矛盾を含まない理論だから、理論形式から言えば対等である。だからその正邪は、そこから導かれる結果を自然の振る舞いでチェックする他ない。現時点では、理論がより単純であるにもかかわらず、観測された現象を正しく記述し、また新たな現象の予言と実証に成功した一般相対性理論に軍配が上がっている。原理は単純であるだけ融通性にも富むから、そこから複数の異なった法則に導かれることも可能なのである。

歴史的な産物

ところで、物理学（広く科学一般）は歴史的産物であるから、同じ原理や法則という呼び方をしてはいるが、右に述べたような言葉の本来の意味とは異なった使い方をしている場合が多い。始めは証明できる言明とは思われず、ただそれを受け入れるしかないとして原理や法則と呼んだのだが、後になってより一般的な物理法則によって証明できることだと判明したことが度々ある。アルキメデスの原理やパスカルの原理はその範疇《はんちゅう》に入る。これらはアルキメデスの定理とかパスカルの関係などと言うべきだろうが、もはや歴史的に定着した呼び名となっているから変えられそうにない。

また、経験によって得られた規則性や現象を整理した経験則を法則と呼んでいる場合もある。例えば、ケプラーの法則は、ティコ・ブラーエが集積した惑星の観測をケプラーが解析して規則性を数式表現したもので、経験則である。ところが、のちにニュートンが万有引力の法則と運動の法則を使って過不足無く証明した。だから、正確にはケプラーの定理（あるいはケプラーの公式）と言うべきかもしれない。宇宙膨張に関するハッブル＝ルメートルの法則も、アインシュタインの一般相対性理論の宇宙への適用で証明できることがわかった。

一方、運動量保存則・角運動量保存則・エネルギー保存則などの保存則は、閉じたシステムである限りそれらの量が一定に保たれるということが経験によって証明されてきた法則（原理）であった。論理的に証明できるとは考えられていなかったのだ。

しかし、考える対象に対称性（変換に対する不変性）があれば、それには必ず保存則が付随していることを示したネーターの定理によって証明できることがわかった。運動量保存則は空間の並進に対する不変性（つまり空間の原点をどこにとっても法則は同じで空間は一様であるということ）、角運動量保存則は空間の回転に対する不変性（つまり空間の軸をどの方向にとっても法則は同じで空間は等方であるということ）、エネルギー保存則は時間の並進に対する不変性（つまり時間の原点をどこにとっても法則は同じで時間は一様に流れているということ）に根拠があるのである。ということは、対称性と保存則の関係を述べたネーターの定理をネーターの原理と呼び、保存則を定理と呼ぶほうが言葉の使い方としては正しい。

しかし、いったん定着してしまった表現を覆《くつがえ》すことは困難である。また、現在の時点では証明できない原理とされていても、後になって証明できる言明であると判明することもあるかもしれない。より基本的な原理が明らかになれば、それによって現在は原理と思われていることが定理になる可能性もあるからだ。その意味では、むしろ歴史性を残しておいて、それがどのように変遷してきたかをたどれるようにしておいたほうがよいのかもしれない。

科学の大原則――因果律

ところで、物理学（広く科学一般）が従うべき大原則として**因果律**がある。一切の自然現象は、原因があり何らかの反応があって結果をもたらす、逆に言えば原因がなければ何ものも生じない、という当たり前の決まり（約束）である。であるがこそ、結果を引き起こした原因を明確にするという物理学（広く科学）の役割があるのである。原因を究明することによって、現象や反応が生じた理由を明らかにすることができ、よりよい結果をもたらすよう原因の発現を工夫したり、悪い結果をもたらす原因を遮断《しゃだん》したりすることが可能になる。むろん、時間的順序として、原因が先にあり、結果が後に来るのが当然である。

その際、原因は物質の作用によるとするのが前提になる。神の意志とか先祖の祟《たた》りなどという物質化できない理由に頼ったり、「そうなる目的があった」というような価値論を持ち込んだりすることはタブーである。原因はあくまで物質の性質や機械的運動であるべきであり、それを論理的につないで結果に結びつけねばならない。恣意的《しいてき》な操作を一切排除して物の論理だけで説明するのだ。

原因を探る手法として、**相関関係**を調べる方法がある。物理量Aが生起する場合には必ず物理量Bも生起する（逆にBが生起する場合には必ずAも生起する）とか、AもBも同じような時間的変化をして関連があるかのように見える場合を、相関があるという。一般に相関があれば因果関係であることが多い。しかし、相関があるからといって直ちに因果関係だと断定することは危険である。原因と結果が逆転している場合があるし、二つの事象に共通する別の要因が働いている場合もあるからだ。

理論的手法では、原理を具象化した**モデル（模型）**を設定し、動かせる物理量（これをパラメーターと呼ぶ）を変化させて他の物理量がどう反応するかを調べ、現象を最もよく再現するパラメーターの範囲を決定することがある。例えば、上空で雪が形成される場合、温度と湿度がその過程を決めていると考えられる。そこで、温度と湿度をパラメーターとして変化させ、どのような条件下でどのような形の雪の結晶が形成されるかの範囲を制限していくことになる。原因と思われる要素をモデルに取り入れ、それを仮想的に動かしてどのような結果に到達するかを調べるのである。

一般的な数式から出発すれば、原因と結果が逆転するような解も存在し得る。通常の方程式は時間を逆転しても同じ振る舞いをすること（ボールの運動のように映像を逆回ししても同じように見える現象――**可逆運動**という）が多いためである。そのような場合は、外部から因果律を適用して解を選ぶことになる。ボールがガラスに当たって壊れるような現象――不可逆運動――では、因果関係は明白である。特殊相対性理論で光速以上の運動が禁じられているのは、光速以上の運動があれば、ガラスが壊れてからボールが当たるような因果律を破ることが起こり得るのを禁ずるためである。

科学という人間の行為

人間は、一見して不可思議な現象や、人間に厄災をもたらす現象などについて、その原因を探り、自然がなぜそのような振る舞いをするかを考え因果を証明してきた。それによって厄災への対策を考えることが可能になるからだ。また、当たり前に見えることでも、その理由を明らかにして、なぜ当たり前に見えるかについての合理的な答えを求めてきた。未知の部分をより小さくし、既知の領域を増やして心の安逸を得ようとしてきたためである。

そのとき、人間はさまざまな仮説をもって現象を説明しようとする。こうも考えられる、ああも考えたらうまくいくかもしれないと無数の可能性を考え、どれが正しいかを試すのである。そのほとんどは間違っているのだが、やがて過不足無く説明できる仮説に到達する。それが科学という営みの原初的な姿と言えよう。

見ようによっては人間は自然より突飛なのかもしれない。自然は単純を好み、**節約の原理**に従っていることが多いのだが、人間は奇想天外な仕掛けを考え出し、思考上で突飛な飛躍をするからだ。そのほんの一部が科学の真理として残っているのだが、その背後には夥《おびただ》しい数の失敗が控えていることを忘れてはならない。むろん、荒唐無稽《こうとうむけい》なものが多いが、人間の想像力の豊かさを反映している点は買うべきだろう。

他方、人間には保守的な側面もあって、それまでの常識と合わなければ、それを斥《しりぞ》けてしまうことが多い。しかし、そのような常識外の事象が集積され、それ以外に明晰《めいせき》に説明できないことが判明すると、容易に常識を変更もする。そうすることによって新しい世界を発見してきたのである。人間は、奇妙な論理を弄《もてあそ》んだり、保守的な発想を脱ぎ捨てたりしながら、自然の摂理を暴《あば》こうとしてきたのだ。ニュートンが言ったように、「真理の大海を前にして、海辺に散らばっている貝殻と戯《たわむ》れてきた」と言えるのかもしれない。

本書では、これまで成功してきた物理学の原理や法則・原則について、その概要とともに歴史的エピソードや関連する日常の体験をまとめる予定である。時代に先がけての発見は、やはり突飛な発想であったことは確かである。失敗作は歴史に残されることが少ないのであまり拾えなかったが、伝えられているものについては書き込むことにした。

第2章　物理学の原理

原理とは、明示的に正しいと思われるのだが、直接に証明することができず、経験によってその正しさを確かめるしかない言明のことである。その原理を承認して、それを忠実に反映する法則が組み立てられると、さまざまな現象に適用することができ、原理や法則の正しさがチェックできる。

しかし、現実の人間の行為の順は、まず現象があり、それを説明するために、その時点では証明できないと思われる何らかの原理（仮説・仮定・前提）をおくことから始まる。しかし、多くの類似の現象の規則性が見つかると、それは原理ではなく、簡単に証明できることであったと判明する。そのような歴史的経緯もあって、「××の原理」という名がついてはいても原理ではないものが多い。それらも含めて代表的なものについて解説しよう。

アルキメデスの原理――「エウレーカ」の叫びが響く

アルキメデスは紀元前二八七年の生まれで、古代ギリシャの自然哲学を代表する人物である。アルキメデスの原理は物理学の原理のなかで最古のもので、物理学が彼によって始まったと言っても過言ではない。

シラクサの王ヒエロン二世は、ある戦いの勝利記念として純金製の王冠を作ることに決め、必要な重さの金を細工師に与えた。見事に出来上がった王冠の重さは与えた金の重さと同じであり、王は満足していたのだがふと疑問を持った。細工師が金の一部を横領して値段の安い鉛を混ぜたのではないか、と。鉛を少しくらい混ぜても輝きは少しも変わらないから、眺めるだけでは確かめようがない。といって、壊してしまってはせっかくの王冠が台無しになってしまう。そこでアルキメデスを呼び出し、混ぜものがないかどうかを王冠を壊さずに調べるよう命じたのだ。

アルキメデスは、悩みに悩んだがなかなか巧い方法を思いつけなかった。ある日、気晴らしのために公共浴場に出かけ、いっぱいに湯が入った湯船に体をどっかりと沈めた。むろん、湯は溢れて湯船から流れ出した。そのとき、アルキメデスのインスピレーションが働いたのである。彼は、湯船から飛び出し、素っ裸のまま「エウレーカ」「エウレーカ」と叫びながら、通りを走って家に駆け戻ったのであった。「エウレーカ」とはギリシャ語で「見つけたぞ」とか「わかったぞ」という意味である。

彼が見つけたのは、湯船から溢れ出た湯の量（体積）は湯船につかった体の体積に等しいということであった。これを**アルキメデスの原理**という。むろん、さらに重要な知識を彼は知っていた。金はすべての金属のなかで最も密度が高いという事実である。密度とは重さを体積で割った量で、同じ重さであれば金は最も体積が小さいことになる。王冠の体積を測るには、水をいっぱいに満たした容器に王冠を沈めて流れ出る水の量を測ればよい。そこで、王冠と同じ重さの金および鉛の塊で同じことを行って、流れ出た水の量を比べたのだ。王が疑った通り、王冠を容器に沈めたときに流れ出た水の量は、金だけの塊の場合より多く、鉛だけの塊の場合よりは少なかった。アルキメデスは、それを注意深く測ることによって、どれくらい鉛が混ぜられたかも計算することができた。因みに、金の密度は一九・三〇g／cc、鉛のそれは一一・三四g／ccである。

よく、これを**浮力の原理**の発見と言われることがあるが、それは正確ではない。とりあえずは、水中（一般に液体中）に沈んだ物体の体積と押し除けられた水（液体）の体積が等しいことを述べただけであるからだ。王冠のような不定形の体積を測るための巧い方法なのである。アルキメデスの原理は、原理と呼ぶほど大げさな言明ではない。液体は空間を隙間なく埋めつくす連続体であり、物体によって排除された体積分だけ水が溢れ出るという、ごく当たり前の物質保存則である。しかし、当時の人々にとっては王冠を直接いじらずにその成分を明らかにしたことは大きな驚きであったのだろう。アルキメデスは、その理由を明らかにしたのである。

浮力の原理——船はなぜ浮くのか

さらにそれを敷衍《ふえん》することによって、浮力の原理に行き着く。容器に入れた水は静止した状態にある。力が釣り合っているからだ。水には重力が働いているが、同時に浮力も働き、重力と釣り合っている。

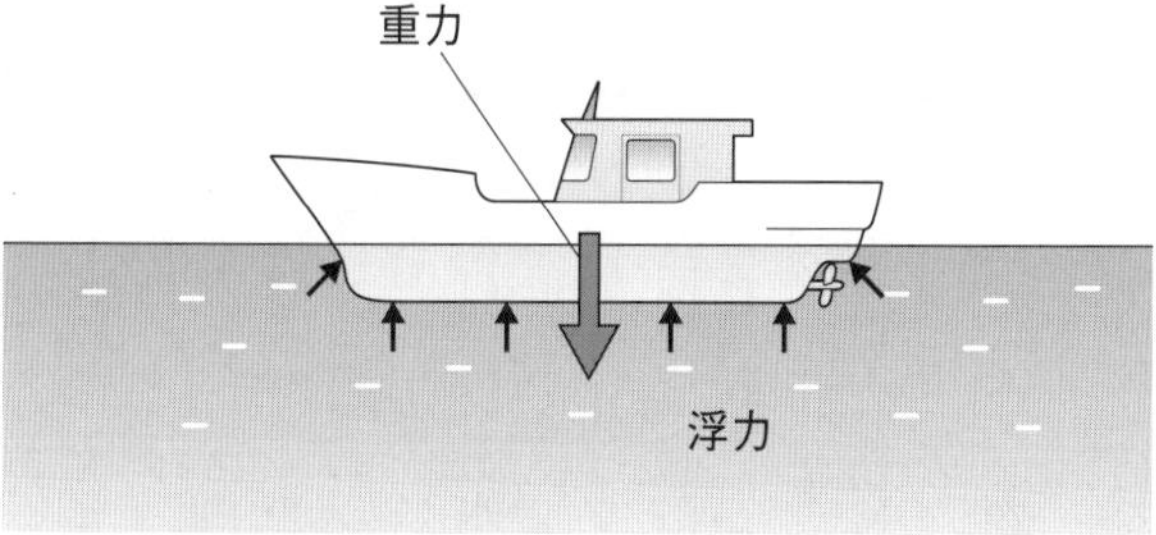

図2−1　浮力の原理
重力と浮力が釣り合うため、船は浮く

では、浮力とは何か。水や空気のような連続体には圧力が働いている（圧力の正確な定義については、四〇ページのパスカルの原理を参照のこと）。水や空気が重力の方向に重なって存在していると、場所の高い（重力が弱い）部分の圧力より、場所の低い（重力が強い）部分の圧力のほうが大きい。その圧力差が上向きの力、つまり浮力となるのである。

そこで、水中に静止した物体を考えてみよう。その物体を水に置き換えると、周りの水から、物体の体積分の水の重さに釣り合うだけの浮力が働いている。この力は、どのような物体であろうとも同じだから、物体によって押し除けられた体積に含まれる水の重さ分だけの浮力が物体に働くことになる（図2−1）。私たちが水中に入ると体が軽く感じられるのは、この浮力を感じているためだ。もともとのアルキメデスの原理に「物体によって押し除けられた水の体積」が登場するので、これに含まれる水の重さ分だけ上向きに働く力として浮力の原理が導かれるのである。だから、浮力の「原理」は浮力の「定理」と言うべきかもしれない。

水が凍って氷になると軽くなって水に浮くことは誰でも知っている。同じ重さの水を凍らせると体積が九パーセントほど大きくなるから、密度が小さくなる。それを「氷は水より軽くなる」と表現しているのだ。直観的にはそれで良いのだが、正確には、氷になると体積が増えて押し除けられる水の量が増え、氷にかかる浮力が水の場合より大きくなるので氷は水に浮く、と言うべきだろう。

氷山の一角と言うように、水に浮いた氷は九パーセント程度水面から顔を出している。水面下にある氷の体積分の水が凍って体積が増え、水面から顔を出したのだ。逆に氷が溶けて水になると体積が小さくなり、水面下にある氷の体積分になってしまうから、氷が溶けても水面は上昇しない。かつて、地球温暖化によって北極海に浮いている氷が溶けて海面上昇が起こるという間違った報道がなされたことがあるが、ナンセンスであることがわかる。

一般に、物質は液体から固体に変化すると体積が小さくなり、密度が大きくなる。原子(分子)が割合に自由に動ける液体に比べ、固体は原子(分子)が規則的に並んでがっしりと結びついて凝縮する傾向があるからだ。自然界に存在する物質のほとんどは、このような振る舞いをする。ところが、水は六角形の氷の結晶で見るように、結晶化するとむしろ水分子の間隔が広がるため体積が大きくなり、そのため密度が小さくなるという特殊な物質なのである。

このような水の例外的な性質のために、地球上に生命が生まれることができたと言えるかもしれない。

地球は水の豊富な惑星であり、原初的な生命は海水中で生まれたと考えられている。地球誕生後の三〇億年以上の間、空気中の酸素が少なくオゾンがないため太陽からの紫外線が地上に直接差し込んでいた。そのため、三〇億年以前に生まれた原始的な生物は紫外線の届かない水中でしか生き延びられなかったのである。

そこで、仮に北極や南極の海水が凍って氷になり、重くなって（体積が小さく、密度が大きくなって）水中に沈んでいったと考えてみよう。氷が海底にどんどん堆積して海を冷やしてしまい、地球は凍結し生命は誕生しなかっただろう。氷が水に浮くからこそ、生命の発生・維持・進化が可能であったのである。

浮力の原理をそのまま利用しているのが熱気球や飛行船である。空気は高さの変化とともに密度差が生じ、それが圧力差となって浮力として働く。その浮力と空気の分子に働く重力が釣り合っているので空気は静止している。熱気球の場合、気球下部に穴が開いていてそこからバーナーで熱した空気を送り込む。空気は熱すると膨張して密度が小さくなり、そこに働く重力が小さくなる。気球内外の圧力は同じで、浮力は同じ大きさだから、小さくなった重力に浮力が勝って上昇することになる。下降しようと思えば、バーナーの火を止めて気球内部の空気の温度を下げて密度を大きくするか、上部の排気弁を開いて熱い空気を逃がして冷たい空気を入れてやればよい。

飛行船の場合は、ヘリウムのような空気より軽い気体を詰め込むから重力が小さく、空気の圧力差によって生じる浮力によって浮き上がるのだ。軽い気体が飛行船を引っ張り上げる作用を持つわけではない。

思いがけないのは、台風が成長する原因にも浮力の原理が働いていることだ。台風の中心部には水蒸気を多く含んだ空気が柱状に詰まっている。湿気を含んだ空気は同じ圧力では乾いた空気より軽い。一般に、同じ圧力で同じ体積の気体に含まれる分子の数は、気体の種類に関係がなく一定である。水蒸気の分子（H_2O）の重さは空気の窒素分子（N_2）や酸素分子（O_2）より軽いから、水蒸気を多く含んだ空気は乾いた空気より軽いのだ。そのため浮力を受けて上昇し、さらに底から湿った空気を吸い上げるのでどんどん成長することになる。

また、上空に昇るに従い水蒸気は冷やされて温度が下がり水に戻る。このとき、凝縮熱（=気化熱）を放出するから台風中心部の温度が上がって膨張し、ますます軽くなって上昇気流が激しくなるというわけだ。

アルキメデスの原理が浮力の原理と言われるようになった理由は、このように多くの浮力と関連する適用範囲があるためだろう。

テコの原理——ローマ軍を襲う鉄の爪

これ以外に、アルキメデスが明らかにした原理に**テコの原理**がある。「私に地球の外に足場となる支点と、テコとなる丈夫で十分長い棒を与えてくれたなら、地球を動かしてみせる」と言ったという。テコを使えば大きな力を生み出すことができ、地球ですら動かせると

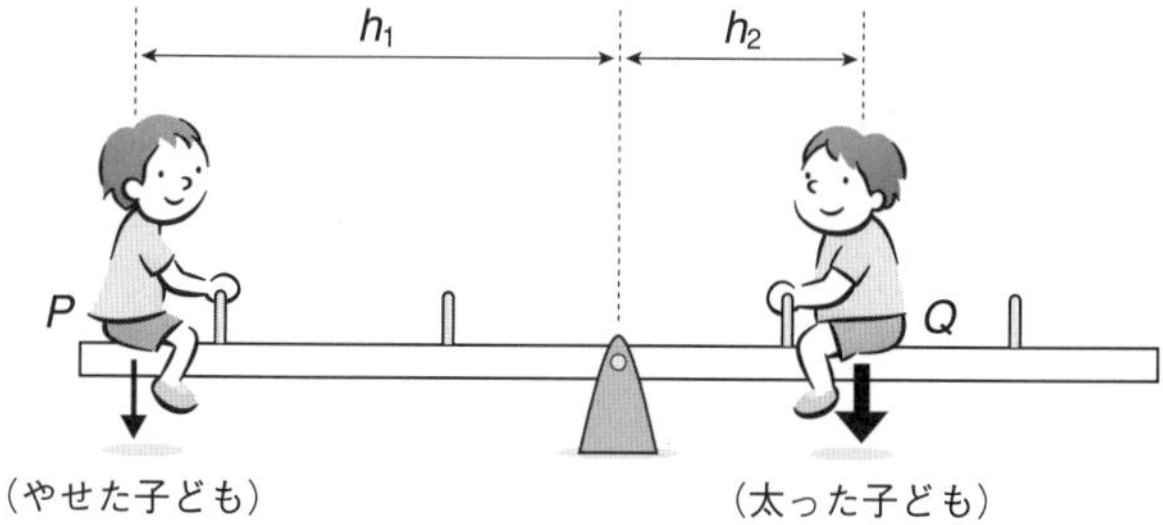

やせた子どもの重力をP、太った子どもの重力をQ、
やせた子どもからシーソーの支点までの距離をh_1、
太った子どもからシーソーの支点までの距離をh_2とすると、

偶力$=P\times h_1-Q\times h_2$

偶力$=0$のとき　釣り合う
偶力>0のとき　やせた子どもが下がる
偶力<0のとき　太った子どもが下がる

図2－2　テコの原理
偶力を調べることで運動がわかる

豪語したのだ。既に古代エジプトで、ピラミッドを造るとき棒を差し込んで巨石を動かしたり持ち上げたりしていた。人々は、その理由はわからなかったけれど、経験知によってテコの原理を使っていたのである。その理由を力学の観点から明確にしたのがアルキメデスであった。

　テコの原理は、シーソーを思い浮かべればよい。長い棒の支点を固定しておき、一方の端に太った子ども、もう一方の端にやせた子どもが座るとしよう（図2－2）。支点から同じ距離のところに座れば、太った子どもの方が下がってしまい、やせた子どもは上がったままになることは誰でもわかる。そこで太った子どもが少しずつ支点に近づいていく。やがて二人が釣り合う場所に達し、少し重心を動かすだけでシーソーがギッコン、バッタンと交互に上下運動を繰り返すようになる。

力が釣り合うのは、支点からの距離（「腕の長さ」という）に重さをかけた量が等しくなったときである。正確には、支点から力の方向に垂直に下ろした垂線の長さに力（シーソーの場合は重力の強さで、重さに比例する）をかけた量が、系を回転させる作用の大きさになることが簡単にわかる。これを**偶力**（あるいは**力のモーメント**）と呼ぶ。右向きの回転の作用と左向きの回転の作用が同じになれば釣り合い、静止状態になるというわけである。当然、一方が勝れば他方を持ち上げて回転することになる。

アルキメデスは、テコの原理を利用して恐ろしい武器を作り上げた。海岸縁の断崖に大きな柱を立てて横棒を通し、海に突き出た棒の端には大きな鉄の爪を綱でぶら下げ、反対側の棒の端には多数の人間が綱にぶら下がって釣り合いを保っているという代物である。ローマ軍が岸に近づいてきたとき、人々は一斉に綱を放した。すると鉄の爪はその重みで落下して敵の船に引っかかった。そこで、おもむろに人々は綱を引いて棒の端を引き上げた。すると、鉄の爪に摑まれた船は引っ張り上げられ、乗組員は振り落とされたり、投石機（これもアルキメデスが考案した）から打ち出された石で負傷したりしたのだ。

このような大げさなものではなく、テコの原理を利用したごく身近なものに、爪切りやハサミがある。この場合は、二つの鉄の棒が交叉《こうさ》する場所に支点があり、片方は短い距離で二つの刃が行き違い、他方は指の力を加える部分で支点から長い距離になっている。長い方の端に指で少しの力を加えるだけで、行き違う二つの刃には強い力が発生するという仕掛けである。ペンチやニッパーも同じ原理を使っている。

今や缶ビールの栓はプルトップ方式になった（図2－3）。栓の取っ手を指で引き上げると、リベットの部分が支点になり、反対側の先端部が強く押され、あらかじめ缶につけてある筋に沿って切れる仕掛けになっている。これは栓の取っ手にかけた力のモーメントが反対側の先端部に伝わり、長さの違い分だけ大きな力となって作用することを利用している。

滑車《かっしゃ》を見ることはもう少なくなったが、ケーブルカーで使われており、これもテコの原理

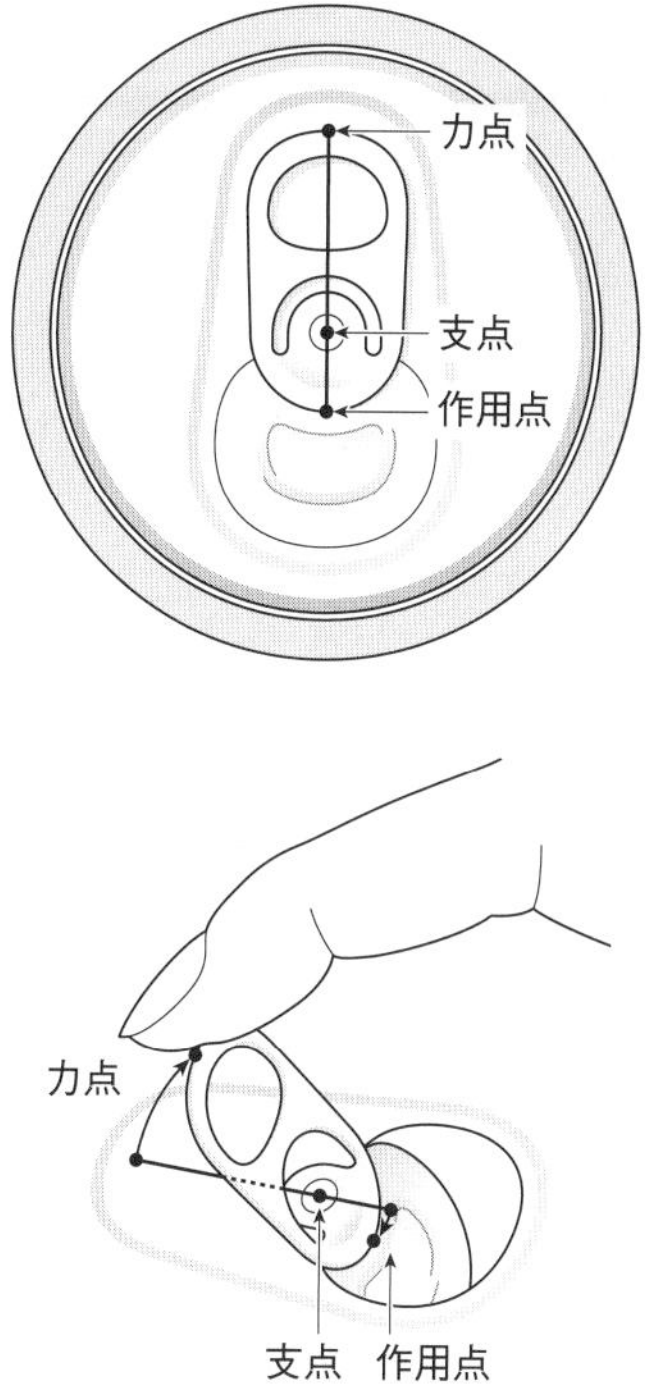

図2－3　缶の栓
取っ手を指で引き上げると、作用点に力が伝わる

の一種である。滑車に架けられた綱の両端に客車がついており、互いに逆向きに上下運動をする。綱にかかった張力（重力）に滑車の軸からの距離をかけた力のモーメントが、二つの客車の重量の差だけ異なっていて、その差で上下運動することになる。

一般には午前中は山に登る人が多いので登りの客車が重くなり、下りの客車には、わざわざ石の錘《おもり》を乗せて重くしている。下に到着すると客車から石を運び出して新たな客を乗せるのだ。逆に、午後になると山から降りる人が多く、釣り合いをとるために登りの客車に石を乗せねばならない。そして、山頂に達すると石を下ろすのだ。つまり、ケーブルカーは人間の動きとは逆向きに石の錘が上下しているというわけである。

アルキメデスは浮力の原理やテコの原理など、経験的に知られていた身近な現象の力学的基礎を初めて明らかにしたという意味で人類最初の物理学者であった。まだ力学体系が整えられていない時代のことだから、原理と呼んだのも当然かもしれない。

パスカルの原理――ジャッキで車が持ち上がるわけ

オランダのステヴィンは、一五八六年に静止した流体の平衡状態（静水力学）を論じた。液体の中に置いた物体の表面にかかる圧力は、物体表面から上にある液体の高さのみで決まり、入れた容器の形状には関係しないことを示したのである。彼は、物体に働く力を平面に平行な方向と垂直な方向に分解し、液体の釣り合いが破れないという条件で、このような結果を得たのであった。

この言明を一般化して原理の形で示したのが**パスカルの原理**で、「流体内のある点のまわりでは、任意の面に働く圧力は同じ大きさで、その面に垂直に働く」「密閉した静止流体の一部の圧力を高めると、その圧力は流体全体に同じ大きさで伝わる」という言明となっている。

ここで圧力について解説しておこう。圧力とは、その呼び名通り、面を押し付ける力のことで、単位面積あたりに面に垂直に働く力の大きさで定義する。

体重五〇キログラムの女性に面積一平方センチの細いヒールの靴で踏まれた場合と、一〇平方センチのスニーカーで踏まれた場合を考えてみよう。ヒールで踏まれると一平方センチで五〇キログラムの重さをもろに受けるが、一〇平方センチのスニーカーなら一平方センチあたりで五キログラム分しか掛からない。全体の重さは同じ五〇キログラムだが、単位面積あたりの圧力にすると一〇倍の違いがあり、ヒールのほうがそれだけ痛みが大きいことになる。固体の場合は、全体の力をもとにして圧力を考えねばならないのだ。

一方、底面積が一平方センチと一〇平方センチのビーカーが二本あり、同じ高さだけ水が入っているとしよう。このとき、底面にかかる単位面積あたりの力（圧力）は同じになる。底面から上にある水の量のみで決まっており、単位面積あたりでは同じ量の水があるからだ。しかし、底面全体にかかる力は一〇倍違っている。水の量が一〇倍違うのだから当然である。液体の場合は、圧力が一定になることに注意しなければならない。

油圧力のジャッキを考えてみよう（図２－４）。長いレバーの端っこを押し下げると、テ

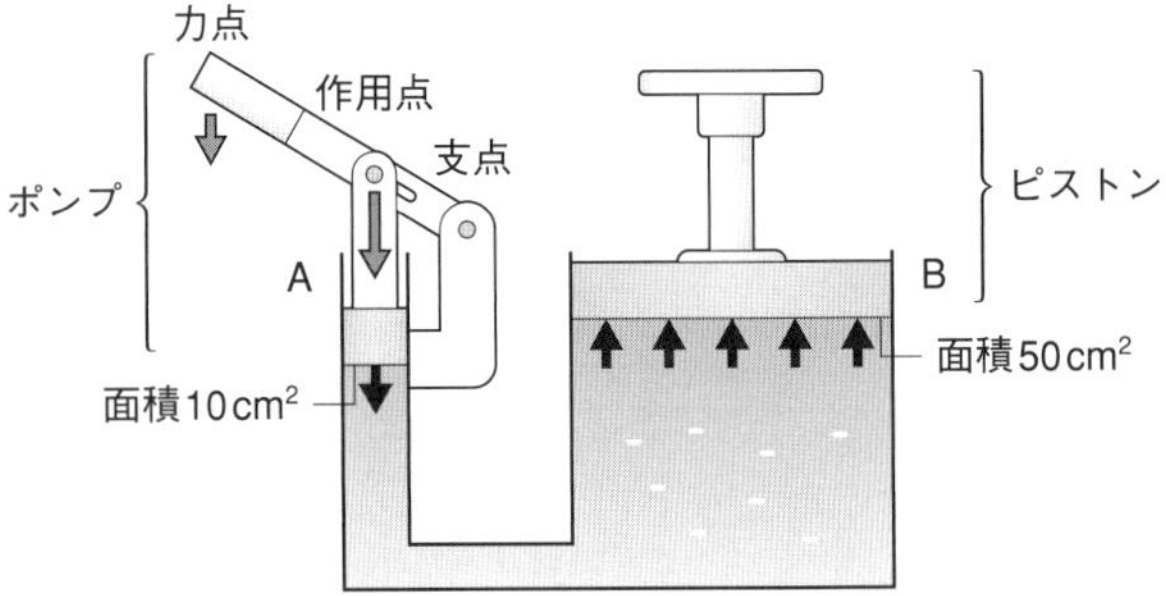

図2−4　油圧力のジャッキのしくみ
Aに10kgの力をかけると、Bには50kgの力がかかる

コの作用でポンプを押し下げる力は大きくなる（ここまではテコの原理）。ポンプの下には油が入れてある。パスカルの原理によれば、密閉されている液体の圧力が高まれば全体に伝わるから、ピストン下部の油圧も大きくなる。レバーを押し下げたことによってポンプ下に発生する力は圧力にポンプ下の断面積をかけた量に等しい。他方、ピストン下部に働く力は、油（液体）と同じ圧力にピストンの断面積をかけた量になる。

すると、ピストン下の面積をポンプ下の面積より大きくしておけば、ピストン全体を押し上げる力は大きくなる。圧力は単位面積にかかる力だから、圧力がかかる面積を大きくすればピストン全体の力を増大させられるというわけである。このような理屈で、ジャッキを使えば片手で重い車を持ち上げることができるのだ。

さらにピストンの先にアンヴィルという三角形の金属の金具をつけ、その先端部（三角形の頂点）で試料を強く圧縮するようにした工具もある。この場合、アンヴィルの底にかかる力が先端部に集中すると、先端部の面積が小さくなった分だけ圧力が上昇する。アンヴィルが固体であるために、先端部に全体の力が集中して働くためだ。細いヒールで踏んだのと同じことである。

それに比べると注射針は異なっている。指で押す部分に力をかけるが、その力を面積で割った量が圧力である。液体に加えられた圧力は全体に同じ大きさで伝わり、針先の部分の圧力が高まって液体が噴出する。注射液が飛び出す速さは圧力で決まっているから、針先を細くしたからといって注射液がよりいっそう勢いよく出るというわけではない。太さの異なった二本のビーカーと同じように、液体の場合は圧力が一定になるので同じ勢いなのである。

湯沸かしポットには、通常、湯沸かし器内部にどれくらい水が残っているかを見えるようにするため、細い管の水量計が下部でつながっている。これを連通管という。静止した液体の圧力は連通管の太さや形状に関係せず高さのみで決まるから、湯沸かし器内部と同じ水面の高さになることを利用しているのだ。

パスカルの原理は、液体や気体など流体と呼ばれる物質は連続物体であり、理想的な状態では等方的（どの方向も同じ）に力が働くこと、また圧力の変化は高速（水のような縮まない液体の場合は無限の速さ）で全体へ伝わること、この二つを承認すれば証明することができる。その意味では原理ではない。

ところで、圧力は何に由来するのだろうか。

液体や気体は原子や分子から成り立っており、それぞれがランダムな熱運動をしている。その熱運動によって原子や分子は互いにぶつかり合っており、運動量のやりとり（速度が大きくなったり小さくなったり）をしている。一回の衝突で平均してどれくらい運動量（分子の速度）が変化するかを計算し、単位時間あたり平均で何回くらいぶつかるかを求めれば、その積は単位時間あたりの運動量の変化になる。ニュートンの運動の第二法則によれば単位時間あたりの運動量変化は働いた力に等しく、それを面積で割れば圧力を求めることができる。

このように考えると、圧力は分子の熱運動のエネルギーと分子の個数密度に比例することがわかる。液体や気体の圧力は、基本的には分子の個数密度と熱運動の大きさ（熱エネルギー）で決まっているのである。一方、経験的には、圧力は分子の個数密度と温度に比例するから（これを**ボイル＝シャルルの法則**という）、液体や気体の温度は熱運動の運動エネルギーに比例することになる。つまり、分子レベルで見れば、液体や気体を構成する分子の熱運動に関わる運動エネルギーが、圧力であり、温度の源泉なのである。このような観点を分子論という。

熱運動は全くランダムに起こっているから、圧力はどの方向にも同じように（等方性）働くことが理解できる。また、どこかに圧力が高い部分ができれば、その情報は**音波**によって伝わる。圧力が高くなれば、それによって周りの部分を圧縮して広がろうとする。すると圧縮された部分の圧力が上がってさらにその周辺部を圧縮する、ということが次々空間を伝わっていく。それが音波である。物質自身が動くのでなく、圧力の高い状態が伝わっていくので波になるのだ。実際には、密度の高い部分と低い部分が交互に連なる**疎密波**となっている。

音波の速さ（音速）は、気体の場合は温度のみで決まっているが、液体の場合は圧縮の割合とその反発性が重要である。また、鉄やガラスなど固体の場合には、伸びや歪《ゆが》みに対する剛性（抵抗する力）や元の形状に戻ろうとする弾力性などが重要な役割を果たしていて、一般に音速は大きくなる。音波が非常に速いと圧力の情報がほぼ瞬時に伝わることが、液体や気体や固体の圧力が瞬時に一定に戻ることの基本原因である。

パスカルは『パンセ』において「人間は考える葦《あし》である」と書いたことでよく知られている。彼は神の恩寵《おんちょう》を受けて宗教的な思索に深く踏み込んでいったのだが、他方において明晰な頭脳で科学にも大きな業績を残した。科学と信仰が分離していなかったのかもしれない。大気の存在とその量を決めるためにさまざまな実験を行ったことを論文としている。しかし、そのいくつかは実験不可能で空想であったことは、既に一六六六年にボイルが指摘していた。最近の研究でも実際に自分では実験を行っていなかったことが示されている。例えば、高山に登ると気圧が下がるという実験を行ったのは姉婿のペリエであった。巧妙かつ流麗な文章と正確な理論値を使っているために、本人の経験として受け取られてきたのである。興味深い人物と言えよう。

フェルマーの原理──光は常に最短距離を選ぶ

パスカルと同時代の人にフェルマーがいる。三〇〇年以上にわたって数学の未解決問題であったフェルマーの（最終）定理が、二〇世紀の終わりになってやっと証明されたことで特に著名になった。彼は数学者であったが、後々に大きな影響を及ぼした物理学の原理を提案していることでも有名である。

古代アレクサンドリアのヘロンは、力学の基礎的概念（テコの原理と力のモーメントなど）、気体運動の理論、ヘロンの公式（三辺の大きさがわかっている三角形の面積を求める公式）などを提案し、ヘレニズム時代の出色の科学者である。

ヘロンは光の反射に関して最短距離の法則を提出している。それを屈折の場合にまで拡張したのがフェルマーで、光は**光学的距離**（**光路長**ともいう）として定義される屈折率と光線が進んだ距離の積が最小となる経路をとるとしたのが**フェルマーの原理**である。これは直接証明することができない、まさに、その名の通りの原理である。事実、光の反射・屈折の法則はフェルマーの原理に従っており、光はあたかも予め屈折率に応じた最短距離の通路を知っているかのように振る舞うのである（図2－5）。

レーダーに捕捉されないというステルス戦闘機が登場している。レーダーは、電波を目標物体に照射して反射波を受け、往復時間から距離、アンテナの指向特性から方向（位置）、反射波の波長のズレから目標物体の視線方向の速度などを測定する装置である。このレーダーに捕捉されないためには、反射した波がそのまま入射方向に戻らなければよい。入射波を

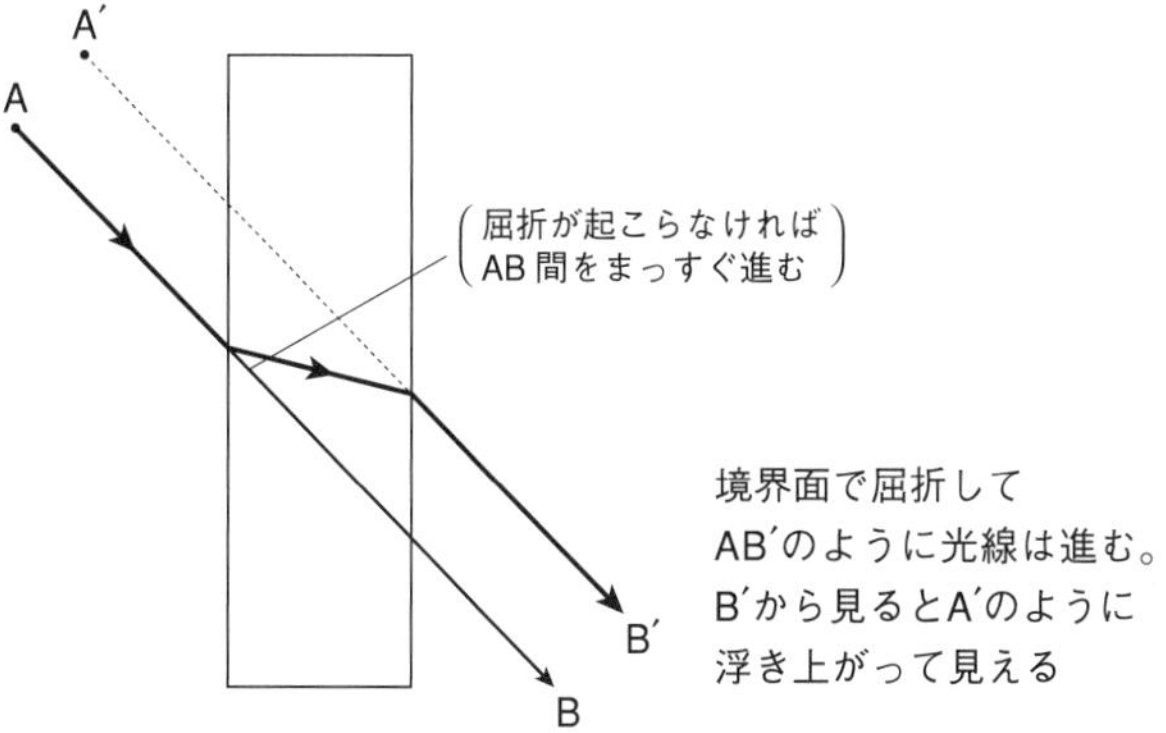
A′
A
（屈折が起こらなければ
AB 間をまっすぐ進む）
境界面で屈折して
AB′のように光線は進む。
B′から見るとA′のように
浮き上がって見える
B′
B

図2−5　フェルマーの原理
光は屈折率に応じた最短距離の通路を知っているかのように振る舞う

あらぬ方向に乱反射してしまえば、レーダーに反射波が戻って来ず情報が得られないからだ。そこでステルス機の表面にさまざまな方向へ乱反射するよう金属板を取り付けたり、メタマテリアルという物質を塗り付けたりしている。いわば、姿が写らない鏡とするのだ。

　といっても、完全に乱反射させることは不可能なようで、忍者のように完璧に姿を隠すステルス戦闘機はまだ実現されていないようである。また、レーダーバリアという装置がベトナム戦争で現れたが、これも同じ原理で、ミサイル発射基地の周辺に乱反射する遮《しゃ》蔽《へい》物《ぶつ》を張り巡らせて敵のレーダーの目を欺こうとしたらしい。

　フェルマーの原理は、光の通路に関する原理であるが、これを一般化する方向に物理学は進んだ。**最小作用の原理**である。

フェルマーの原理は、屈折率と光が進んだ距離の積が最小となることを言っている。神は最も節約の道を選ぶというわけである。ならば、物体の運動を統《す》べる力学システムも同じではないか、そう考えた最初の人はモーペルチュイであったようだ。神の偉大さを讃えるために、力学システムも運動の作用積分が最小になる通路を選んでいると仮定したのである。最小作用の原理は**変分原理**とも言われる。運動の経路に沿っての作用の積分値が最小になるという条件で得られるからだ。

モーペルチュイの原理は、通常の（x、y、z）軸のような直角座標とその軸方向の運動量をかけた量（これを**作用**という）の経路積分が最小となるという条件となっている。さらに（r、θ）のような、平面の位置を原点からの距離rとx軸からの角度θを使った極座標にまで広げ、各々の方向の運動量成分を定義することができる。これを一般化座標、一般化運動量といい、このような一般的に表した作用の経路積分が最小になることまでを要求したのが最も一般的な最小作用の原理で、オイラー、ヤコビ、ラグランジュ、ハミルトンなど錚々《そうそう》たる物理学者が挑戦して一般化に努めた。一般化によっていかなる系にも適用できる表式を得ようという意味で統一への指向ということができる。

平面上にある任意の二点間を結ぶ最も短い経路は直線である。これは当たり前のことだが、厳密に証明するためには変分原理を使う必要がある。二点を結ぶ曲線を勝手に選び、その長さを計算して最小になる条件を課すると直線であることが示せるのだ。これを物質の運動に適用し、光はその最短の通路を動くというのがフェルマーの原理、力を受けていない質点（大きさを持たず、質量だけを持った点）は等速直線運動をするというのがモーペルチュイの原理ということになる。

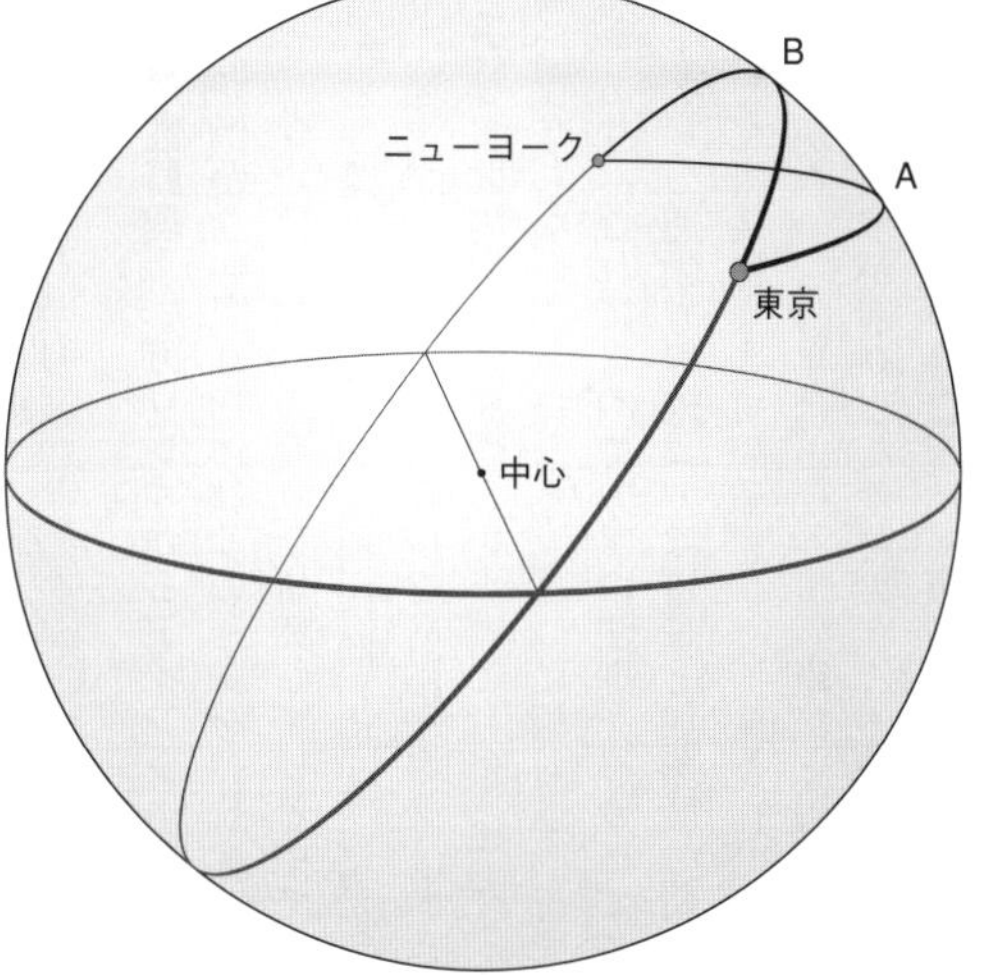

図2−6　測地線
Aのルートではなく、Bのルートが最短距離となる

では平面ではなく曲面の場合はどうだろうか。同じく変分原理を使うと**測地線**が求まる。測地線とは、その線分に垂直な方向が、各点で曲面に垂直な方向と一致する曲線のことである。地球のような球面の場合、地球の中心から球面に引いた直線と直交する線分を結んだものになる。飛行機で東京からニューヨークへ行く場合、緯度に沿って飛ぶのではなく、北極寄りに大きく曲がった航路をとる（図2−6）。これを大圏コースといい、二点間を結ぶ最短経路、つまり測地線に沿った航路となっているのである。曲面上では光も質

点も最短距離の測地線をとるというのが最小作用の原理が主張していることなのだ。

相対性原理——ガリレオからアインシュタインへ

力が働かない限り物体はその運動を持続するという性質を**慣性**という。

ガリレオは、物体の運動を研究している中で、等速で運動しているいかなる系（これを慣性系と呼ぶ）でも力学の法則は同じ形式で表現できるとした。一定の速度で動く船の上でも、地上でも、その相対速度を考慮しさえすれば、同じように記述できるとしたのだ。これを**ガリレオの相対性原理**という。これによって、いかなる慣性系も対等であり、特別な座標系は存在しないことになる。互いに相対運動をする慣性系の間を結ぶ関係がガリレオの変換則であり、これによって力学の法則を不変にする（同じ形で表す）ことができる。実際、ニュートンの運動方程式（力は質量と加速度の積に等しいとする。後に詳述）はガリレオ変換に対して不変になっている。

それから一〇〇年ほど経って、電気と磁気の関係を結ぶマクスウェルの方程式が提案された。電磁気学が確立したのだ。ところが、マクスウェルの方程式はガリレオ変換に対して不変ではない。ということは、慣性系ごとに電磁場の方程式が異なり、それぞれ違った場が生じることになる。しかし、一定の速度で運動する船の上であれ地上であれ電磁場は同じように振る舞うことがわかっている。どこが間違っているのだろうか。

アインシュタインは、いかなる慣性系においても（力学の法則だけでなく）すべての物理法則が不変になるべきであり、慣性系の間を結ぶ変換則は電磁気学の方程式も不変にするべきと考えた。それがアインシュタインの**特殊相対性原理**で、実際、彼の論文の表題は「運動体の電気力学について」となっている。マクスウェルの方程式（電気力学）を変更するのではなく、むしろニュートンの運動の法則が変更されるべきとしたのだ。これが記念すべき**特殊相対性理論**であり、後述する**光速不変の原理**が要請される。

特殊相対性原理を採用すれば、慣性系の間をつなぐ変換則はローレンツ変換（後述）となり、さまざまな現象（長さの収縮、時間の伸び、ドップラー効果、エネルギーと質量の等価性など）が予言される。それらは実験によって過不足無く証明され、特殊相対性理論が確立した。これにより、ニュートンが主張した絶対空間や絶対時間が否定され、時間や空間は運動する系によって異なること、つまり空間や時間の概念が相対的であることになったのである。

特殊相対性理論が一見して常識に反する事柄を予言することから、「相対性理論は間違っている」とクレームをつける人々が今でもいる。しかし、特殊相対性理論にクレームをつけても、一般相対性理論には沈黙する。比較的数式が簡単であることから、特殊相対性理論が取っつきやすく思われるためだろう。しかし、相対運動をする慣性系を取り違えたり、見かけ上の超光速運動に騙されたりしていて、そのクレームには意味がない。何より、昔から特殊相対性理論に従って加速器が設計され、素粒子の理論が証明されているというのに、なお文句をつけるのである。懲《こ》りない面々とは彼らのことを言うのではないだろうか。

もっと真面目な試みとして、超高エネルギー世界では特殊相対性理論は変更されるべきではないか、という提案がある。加速器のエネルギー領域は陽子の静止状態（1 GeV）から高々五桁ほどエネルギーが高いだけ（数万 GeV）であり、そこで成立していてもエネルギーが一〇桁以上も大きくなると正しいとは限らないとするのだ。いかなる理論も絶対ではなく、極限になれば変更されるかもしれない。

実際ニュートン力学は、物質の速度が光の速さに近くなると特殊相対性理論の変更を受け、原子のような微視的世界では量子論に取って代わられた。その意味では、特殊相対性理論も例外ではなく、変更を受けるかもしれない。しかし、拙速に理論を疑うのではなく、ぎりぎりまで矛盾を追究して判断する必要がある。超高エネルギー現象も実験結果の見直しがなされており、理論を変更すべきとしていた結果も時期尚早（早とちり）であったと考えられている。

特殊相対性理論の予言で最も大きな影響を与えたのは $E=mc^2$ の公式だろう。これはアインシュタインが第二論文で明らかにしたもので、E はエネルギー、m は質量、c は光速度を表す。つまり、エネルギーと質量が等価（互いに入れ替わることができる）という重要な結果である。太陽のエネルギー源が核反応であり、原爆（核分裂反応）や水爆（核融合反応）の巨大なエネルギー発生もこの公式に従っている。

ところで、特殊相対性理論は慣性系に優劣はなく、同じ形式で物理法則が表現できることが足場になっている。アインシュタインは、特殊相対性理論が慣性系という特殊な座標系のみで成立することに不満を持っていた。一般的には重力が働いているし、加速度運動をしている、回転する系のほうが普遍的である。ならば、そのような加速運動する系（加速系）においても物理法則は不変であるべきではないのか。

そこで加速系にも拡張することを考えた。綱の切れたエレベーターが落下する系を思考実験（後述）で取り上げ、そこでも物理法則は同じになっているとすれば、理論はどのように変更されるべきかを調べたのだ。そこで特権的な加速系は存在しないとする**一般相対性原理**を採用し、**等価原理**（後述）を持ち込んで理論を完成させた。それが**一般相対性理論**で、重力による光の屈折やブラックホールを予言することになった。

ここで言う相対性原理とは一般的な座標系の間の関係のことで、いかなる特権的な座標系もなく、どのような運動をする座標系でも物理法則が同じ形（共変形）で表されることを述べている。言い換えれば、いかなる運動も相対的であることを主張していることになる。

光速不変の原理——アインシュタイン、エーテルを追放

アインシュタインは若い頃、光と同じ速度で光を追っかけたらどのように見えるかを空想したそうである。もしそれが可能なら光は止まって見える。止まった光はいかなるものだろうか。

しかし、光を（真空中で）静止させることはできない。光は質量がないから、止まったら何の物理量も持たない「無」になってしまう。光というエネルギー形態がある限り、（真空中で）静止させることはできないのだ。光速で走ってこそ光はエネルギーや運動量を持つのである。

いくらでも光の速さに近づくことはできそうに思える。飛ぶロケットからある速さで飛び出せば、ロケットが持っていた速さに飛び出した速さが付け加わるから、速度は大きくなる。それを何回も何回も繰り返せばどんどん光の速さに近づくはずである。そのようにして光を追っかければ、その系に対する光の速さは相対的に小さくなっていくので、光の運動エネルギーも小さくなっていくように見えるだろう。やがて光と同じ速さで動く系から見ると光は静止し、光として存在し得なくなる。エネルギーが消えてしまうのである。しかしそれはおかしい。

そこで光は、いかなる系から見ても光速で動くとすればどうだろうか。いくら加速して光を追いかけても、その観測者から見れば常に光速で遠ざかるのだ。そうすれば光の運動エネルギーが減っていくことにならない。

そのようにアインシュタインが考えたかどうか知らないが、光はいかなる系から見ても光速で運動するとした原理を採用したのである。まさに直接証明することが不可能な原理と言える。これを基礎にして定式化したのが**特殊相対性理論**である。これが正しいと直観できるのは、電気と磁気を統一したマクスウェルの電磁気学の方程式において、速度が異なった慣性系へ移っても光速が同じままであることが示せるからだ。

特殊相対性理論によれば、粒子の（静止）質量がゼロの場合は光速で運動しなければならず、質量を持つ粒子の場合、速度の上限は光速であることがわかる。いかなる物質も光速以上にはなり得ないのである。実現し得る最高速度が光速というわけだ。

アインシュタインは知らなかったと言っているが、特殊相対性理論が発表される前に光速不変の原理を示唆《しさ》する実験が行われていた。マイケルソン＝モーレーの実験である。この研究の主導者はマイケルソンで、ずっと前から執念のように光源に対する地球の運動の違いから光速がどう異なるかを検出しようとしていた。

当時（一九世紀末）、光は波であるという解釈が主流であった。二つの孔を持つスクリーンに光を当てればその後ろに干渉縞《かんしょうじま》が生じることがヤングの実験（一八〇一年）によって示されていたのだ（図2－7）。同じ光源から出た光線を二つに分け、少しずれた経路を通って再び重ね合わせると光の波の位相（一周期内の波の位置）が食い違い、干渉縞ができる。さらに、光が回折を起こす（波動が障害物の後ろに回り込む現象）ことがフレネルの実験（一八一六年）で知られるようになった。

波動の代表的なものが音波であり、媒質の振動が伝わっていく現象である。光も波であるとするなら振動する媒質がなければならない。そこで考えられたのが、エーテルと呼ばれる仮想的な物質が宇宙空間を満たしているという説である。遠くの星からの光がやってくるのだから宇宙空間を満遍なく満たしていなければならない。

そもそもエーテルは、アリストテレスによって月より上の世界を構成する高貴な物質として導入されたものである。アリストテレス流の自然学が否定されるにつれ、そのことは忘れ

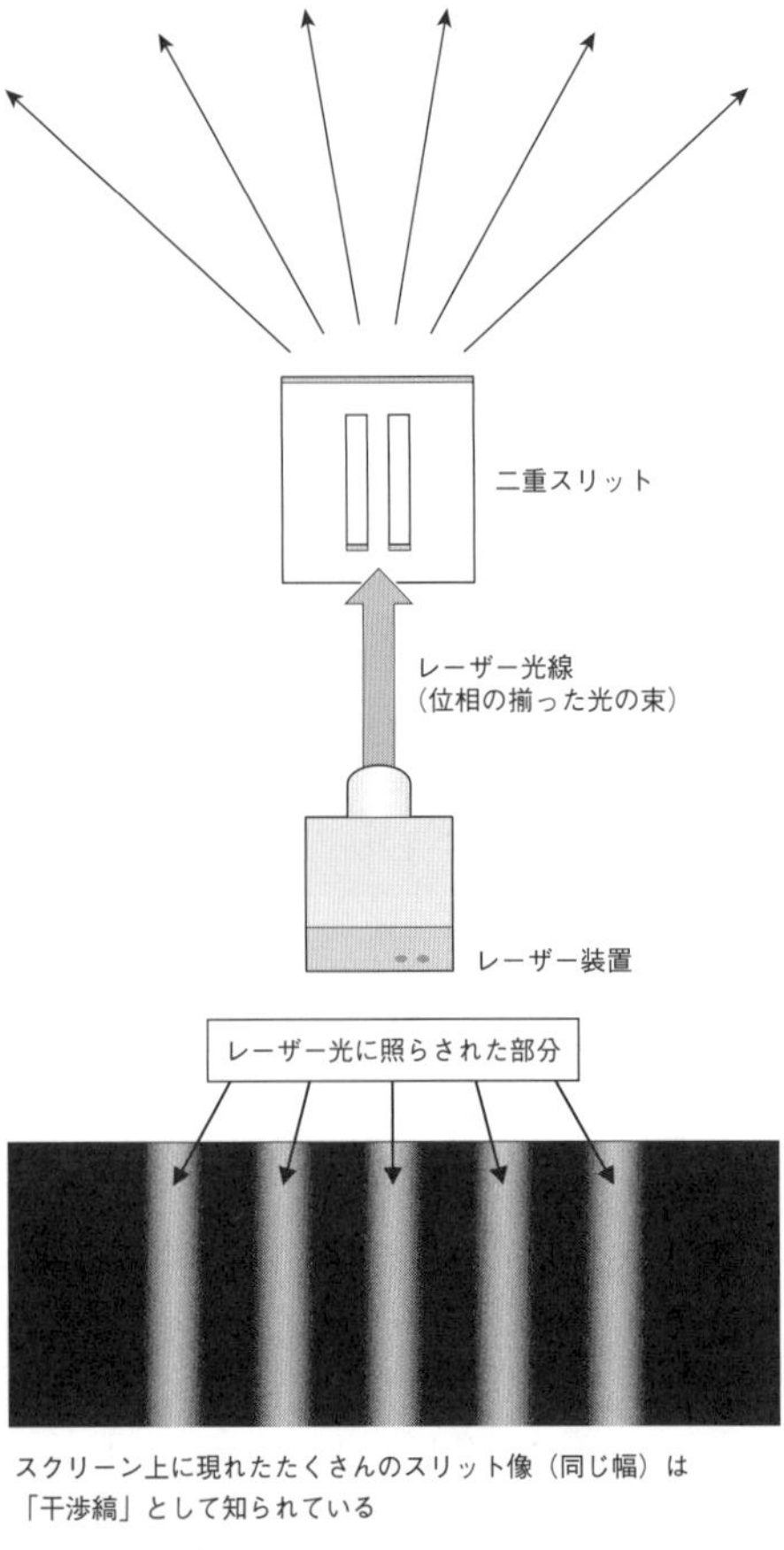

図2-7　ヤングの実験
(山田克哉『量子力学はミステリー』PHPサイエンス・ワールド新書)

られていたのだが一七世紀のホイヘンスが光の波動説に立ち、波を伝播《でんぱ》させる媒質として復活させたのだ。

海の波が海岸へ押し寄せている場合を考えてみよう。海の波をエーテルによって伝播する光とみなすのだ。岸辺から沖合の方へ歩いていけば、やって来る波の速さ（つまり光の速さ）と歩く速さが足し合うので、人から見れば波の速さが大きくなる。逆に沖合から岸辺に人が歩けば、波は人を追い越していくが、その速さは歩く速さ分だけ小さくなる。岸辺に平行（波の進む方向に垂直）に動けば、波の速さは変化しない。

これと同じで、光が進む方向に逆向き（光源の方向）に地球が動けば見かけ上の光の速さは大きく、光の方向と同じ向き（光源と反対方向）に動けば光の速さは小さくなり、垂直に動けば光の速さは変わらないはずである。

マイケルソンは、縦棒と横棒の長さを同じにしたL字形のバーを持つ干渉計を工夫した（一八八一年にマイケルソンが単独で、一八八七年にモーレーと共同で実験を行った）。そして半透明の鏡を用いて光が縦棒と横棒の二方向に進んで端の鏡に反射されて戻ってくるようにした（図2−8）。まず、Lの縦棒は地球が公転する方向を向き、横棒はそれに垂直方向になるように設定する。すると、縦棒方向では、行き（往）のときは光が進む方向と地球の運動方向が同じだから、光の速さはバーに対して小さくなる。端っこで反射して戻ってくる（復）ときは、光が進む方向と地球の運動方向が逆になっているからバーに対する光の速さは大きくなる。地球が公転する速さは毎秒三〇キロメートル、光速は毎秒三〇万キロメート

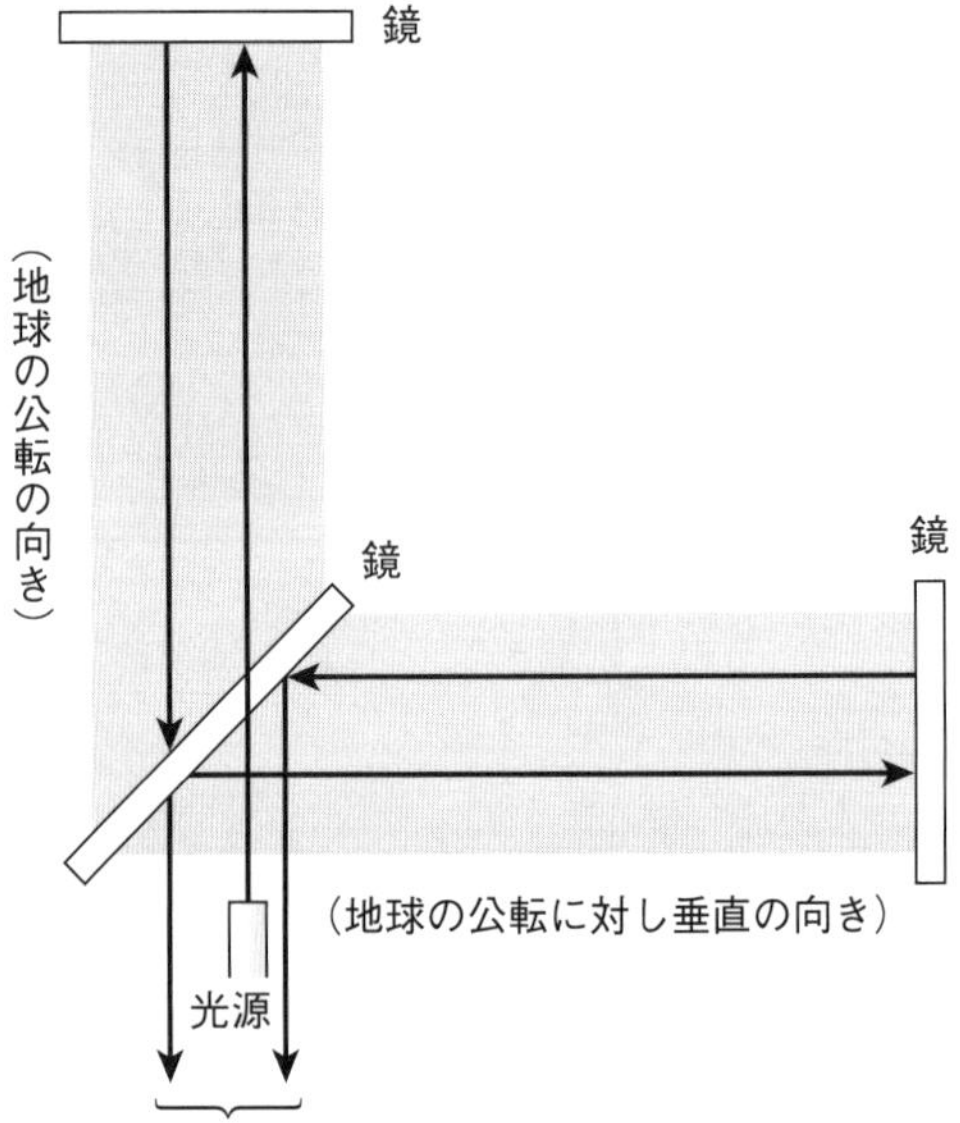
2つの光線を干渉させる

図2-8　マイケルソン＝モーレーの実験

ルだから、一万分の一だけ光の速さが上下すると考えられる。一方、Ｌの横棒は地球の運動方向に常に垂直だから、往復運動する間、光はずっと光速で動いている。しかし、端っこの鏡は地球の運動方向に動いていることを考慮しなければならない。この二つの方向の位相差をとれば少しズレが生じる。このズレは二つのバー方向に分けた光を重ね合わせると干渉縞が生じることで確認できる。

次にＬの棒を九〇度回転させて同じ実験を行った。今度は、Ｌの縦棒は地球の運動方向と垂直に向き、横棒は地球の運動方向と逆に向くので位相差も逆になり、干渉縞の位置が逆方向へ移動するはずである。その移動量は、バーの長さ（約一〇メートル）と光の波長（五〇〇〇オングストローム＝約一〇〇〇万分の五メートル）の比にエーテルに対する地球の速さ（秒速約三〇キロメートル）と光速（秒速約三〇万キロメートル）の比の二乗をかけた量になり、縞の間隔の二分の一くらいになる。十分検出できる大きさである。ところが、移動は全く見られなかった（実験では一〇〇分の一以下）のだ。

この結果をどう解釈すればよいのだろうか。ローレンツとフィッツジェラルドはエーテル仮説に固執し、静止したエーテルの中を動く物体は光速度が同じになるように変形すると考えた。進行方向に対してバーが少し短縮する（ローレンツ＝フィッツジェラルド収縮）とすれば干渉縞は移動しないのだ。

このような操作をすると運動する電子も収縮することになり、他の電磁現象にも影響を及ぼす。それを首尾一貫して説明するために、等速度で運動する系では系ごとに固有の時間尺度を持つとしなければならない。つまり、運動する系の空間と時間はエーテルが静止している系とは異なるとしたのだ。この二つの系を結ぶ関係が**ローレンツ変換**で、理由はわからないが、そのような関係を仮定すればうまくいくというわけだ。

これとは独立に、アインシュタインはエーテルの静止系という考えを捨て、互いに等速運動しているすべての系は全く対等で、物理法則は同じように表現できる（**特殊相対性原理**）とし、さらに光源の運動に関わりなく光は一定の速さで動く（**光速不変の原理**）と仮定して特殊相対性理論を提案した（一九〇五年）。光を伝播させる媒体であるエーテルを追放し、光は真空中でも伝播できるとしたのだ。それによれば、運動する系と静止系の間はローレンツ変換で結ばれ、運動する方向に短縮することや時間の尺度が異なることがローレンツ変換から自然に導かれる。そして、その変換則はマクスウェルの方程式を不変にする。つまり、光速不変の原理を自然に満たすのだ。

光速は真空中で秒速三〇万キロメートルもの速さだから、私たちの日常範囲においてはほぼ無限の速さとみなすことができ、古代からそう考えられてきた。最初に光速は有限かもしれないと疑って実験したのはガリレオである。彼は、四〇〇メートルくらい離れたA、B二つの山の頂にカンテラを運んで、始めは両方に覆いをつけて暗くしておき、まずAの覆いを取って光を放ち、それを見たBの山の人間が直ちに覆いを取って、その光がAに届くまでの時間を測って光速を検出しようとした。AとBの間を光が往復する時間を測ろうとしたのだ。残念ながら、往復でたった八〇〇メートルだから光が行き来する時間は一〇〇万分の三秒足らずでしかない。当時はそんな短い時間が測れる時計はないし、そもそも人が光を見て反応するまでの時間はもっと長いから、とても光速を測るのは不可能であった。

実際に、光の速さを決定したのはレーマーである（一六七六年）。レーマーは、ガリレオが発見した木星の衛星を観測していた。木星の衛星は木星の周りを一定の周期で規則的に公転している。レーマーは、衛星が木星の向こう側から顔を出してから見えるようになり、木星の周りを公転してまた見えなくなり、再び向こう側から顔を出すまでの時間（衛星の公転周期）を正確に測っていた。本来はそれが一定になるはずなのに、長くなったり短くなったりするのに気がついた。そこで地球の太陽周りの公転運動の方向と結び合わせてみた。すると、地球が木星に近づくように動いているときは、衛星の公転周期は短くなり、遠ざかるように動いているときは長くなった。

この解釈として、地球が木星に近づくように動くときは、光が届く間に木星と地球の距離が短くなるから、その距離を光が通過して地球に到達するまでの時間が短くなり、遠ざかるように動くときは距離が長くなるから、光が地球に到達するまでの時間が長くなると考えればよい。木星から地球までの距離と地球が公転運動する速度がわかれば、光の速さを決定することができる。こうしてレーマーは光速を秒速二二万キロメートルと推定することができたのであった。一六七六年にこの精度まで光速を決定できたのは偉大と言うべきだろう。

さらに光の速さの精度を上げたのはブラッドレーで、**光行差**を利用したものである。

風のない日の雨は真上から降ってくる。その雨に向かってある速さで歩くと斜めから雨が降ってくるから、傘を前にかがめる。雨が下に降る速度と歩く速度が合成されて、斜め向きの速度になったのである。それと同じで、星からの光がやってくる方向と地球の公転運動によって私たちが動く方向がズレていれば、光は二つの方向を合成した方向から来るように見える。この場合、もし光速が無限大であれば方向はズレないが、有限であれば私たちが動く速さ分だけズレた方向から来るように見える。これを光行差という。公転運動に従って星が見える方向が少しずつ変化していくから、検出することができるのだ。光速に比べて地球が動く速さは一万分の一と小さいため光行差の角度は二〇秒角ほどにしかならないが、光速を二八万三〇〇〇キロメートルとよりよい精度で決定することができた（一七二八年）。

現在においては、光速不変の原理を用いて長さや時間の単位を決めるようになっている。長さの単位は、かつては地球の赤道から北極までの距離の一〇〇〇万分の一を一メートル、その一〇〇分の一を一センチとして定義していた。身近な地球の大きさを基本単位として採用したのである。その単位長をメートル原器として保管し、それに準拠して長さが決められていた。しかし、メートル原器は温度変化によって少し伸縮するから、高精度に長さの決定が必要となると、原器で定められた精度では不十分である。また世界のどこでも簡単に照合するというわけにはいかない。

そこで、まず光（電磁波）の振動数によって時間を定義する。振動数は単位時間に光が振動する数のことで、電波の場合はヘルツが単位となる。例えばＮＨＫ第一放送の五九四キロヘルツ（東京）は、一秒間に五九万四〇〇〇回振動する電波を使っている。そこで、五九四〇回振動するのにかかる時間は一〇〇分の一秒であることがわかる。こうして時間を定義し、光速が秒速でほぼ三〇万キロメートル（正確には二九万九七七六キロメートル）として、長さは時間（一〇〇分の一秒）かける光速で決定できる。電磁波さえ使えば世界のどこでも長さや時間を定めることが可能になったのだ（実際には、セシウム原子が放つ九一億九二六三万一七七〇ヘルツの放射を使って時間を決定している）。

等価原理──重力質量と慣性質量は同じ

アインシュタインは一九一四年に一般相対性理論を発表した。

それ以前の特殊相対性理論は、等速直線運動をする系（慣性系）にしか適用することができない。重力（万有引力）が働く系は必ず加速運動や減速運動をするから慣性系ではなく、そのような系を扱うことができなかったのだ。

一般相対性理論は加速度運動する系にまで拡張したもので、重力も組み入れることができる。というより、アインシュタインは重力を正面から取り入れた相対論を構築しようとしたのである。そこにおいて決定的な役割を果たしたのが**等価原理**であった。

私たちは重さ（重量）という呼び方をよくするが、質量と呼ぶこともある。では、重さと質量に差異はあるのだろうか。二つの言葉を区別せずに使っているが、よくよく考えてみれば二つは別物なのである。

重さとは天秤やバネ秤で測っている物質の重量のことで、重力が作用する大きさで定義している。これを**重力質量**と呼ぶ。天秤の一方に単位が一の物質を乗せ、もう一方に測りたい物を乗せて秤が釣り合うように天秤の中心からの距離を調節する。二つにかかる重力の大きさと天秤の中心からの距離をかけた力のモーメントが等しくなったところでテコの原理を使い、その距離の比から相対的な重さを決めている。バネ秤の場合は、乗せた物体に働く重力によってバネが伸ばされる（縮む）。平衡の状態から伸ばされた（縮んだ）長さが力に比例するというフックの法則を使って、かかった重力の大きさを割り出し重さとして定義している。

もう一つの質量は、重力を利用せず、運動によって決めている。例えば、単位を一と定義した球をある速さで転がして質量を測りたい球に衝突させ、それがどのような速さで動き出すかを測定すれば相対的な質量が決められる。質量が大きいほど動き出す速さは遅い。従って質量は動きにくさの目安とも言えるので**慣性質量**と呼ぶ（九四ページで述べる通り、力が働かない限り物体はその運動を持続するという性質を**慣性**という。静止している物体は静止し続けようとし、運動している物体は、一定の速度で運動し続ける）。あるいは、静止した物体は決まった時間だけ力を加えると一定の速度になるが、その速度は物体の慣性質量に反比例している。

逆に、ヒモの先に物体を取り付けて、砲丸投げのようにある一定の速さで回転させ、それに働く遠心力の大きさを測っても慣性質量が決められる。慣性質量は重力と関係せず、運動を通じて定義しているのである。

単位一の物質の相対的な質量として、重力を利用して重さ（重力質量）を決め、運動を利用して慣性質量を決めたのだが、そもそも測定した原理が異なるのだから二つが異なっていても構わないはずである。単純に言えば、運動方程式において、速度や加速度にかかる質量は慣性質量、重力にかかる質量は重力質量で、本来は二つを区別しなければならないのだ。

これに疑問を持ったのがエトヴェシュで、詳細な実験を行って二つの質量が誤差の範囲で一致することを示した（一八九〇年）。彼の実験は、バーの両端に異種の物体（球）A、B

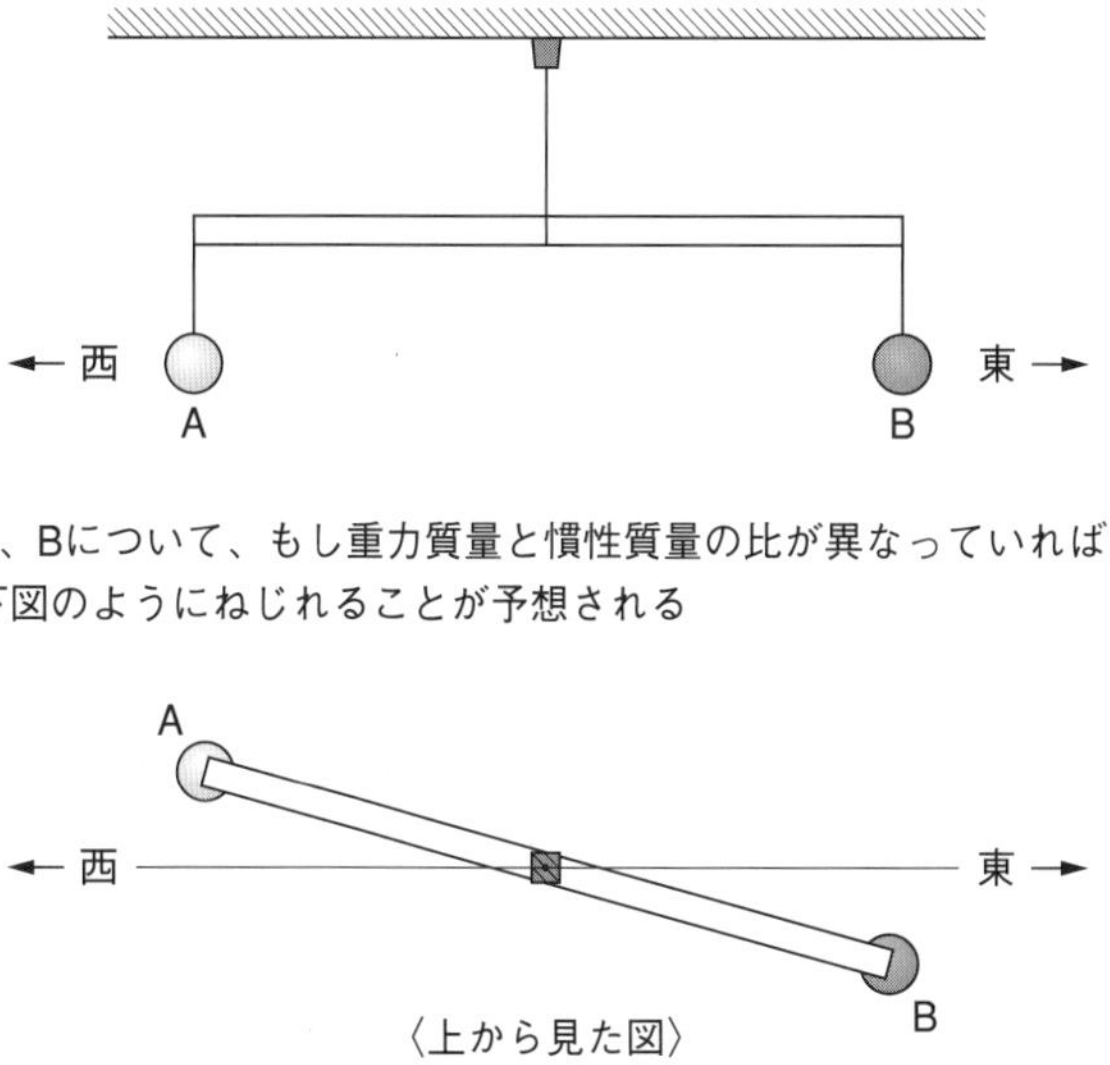
←西
東→
A
B
A、Bについて、もし重力質量と慣性質量の比が異なっていれば、
下図のようにねじれることが予想される
A
←西
東→
B
〈上から見た図〉

図2−9　エトヴェシュのねじれ秤の実験
ねじれ角が極めて小さいので、装置全体を180°回して二つのねじれ角の差をとって精度を高めた

を取り付けてヒモでぶら下げてねじれ秤として東西方向に置く、という比較的単純なものである（図２－９）。物体には地球の重力とともに（重力質量の大きさに比例する）、地球の自転によって遠心力が働く（地球の回転方向である東西に置くと、慣性質量に比例する遠心力が働く）。その二つの力が釣り合って平衡状態になるはずだが、二つの力（二つの質量）の比が異なっていれば偶力が発生してねじれることが予想される。エトヴェシュはこのねじれの角度を測ろうと

したのである。ごく小さな角度なので精密実験を繰り返して、重力質量と慣性質量の比は物体によらず一億分の一の精度で一定であることを示すことに成功した（二五年間この実験に没頭したという）。これより二つの質量の単位を共通にとれば（同じ単位一のものに対して相対的な量として測れば）、二つは完全に一致することになる。

単純に言えば、ガリレオがピサの斜塔から物体を自由落下させ、重さに関係なくすべて同じ速さで落ちることを証明した（という伝説の）実験も重力質量と慣性質量が等しいことを示すものになっている。というのは、物体が得る加速度は、重力が作用しているから重力質量に比例し、運動に関わっているから慣性質量に反比例しており、その二つの質量比が加速度に表れるはずだが、物質の種類に関係なく一定（＝一）であることを示しているからだ。

とはいえ、実験で示されたと言っても、これこれの理由で二つが等しいと論理的に証明したことにはならない。その意味で二つの質量は等しいという等価原理はあくまで原理なのである。

アインシュタインは一般相対性理論を構築するにあたって、最初に等価原理を仮定した。二つの質量が等しいことがこの理論の要であるためだ。そして、アインシュタインは有名なエレベーターに関する思考実験によって、等価原理が重要な役割を果たすことを示したのである（図２－10）。

まず、綱の切れたエレベーターに乗っている人間を考えてみよう。むろん、一切窓はなく外が見えないからエレベーターが落下していることを目で確かめることはできないとする。

	綱が切れたエレベーター	上昇運動するエレベーター
エレベーター内	慣性系 （光は直進する）	慣性力が働く系 （光は曲がる）
エレベーター外	重力が働く系 （光は曲がる）	慣性系 （光は直進する）

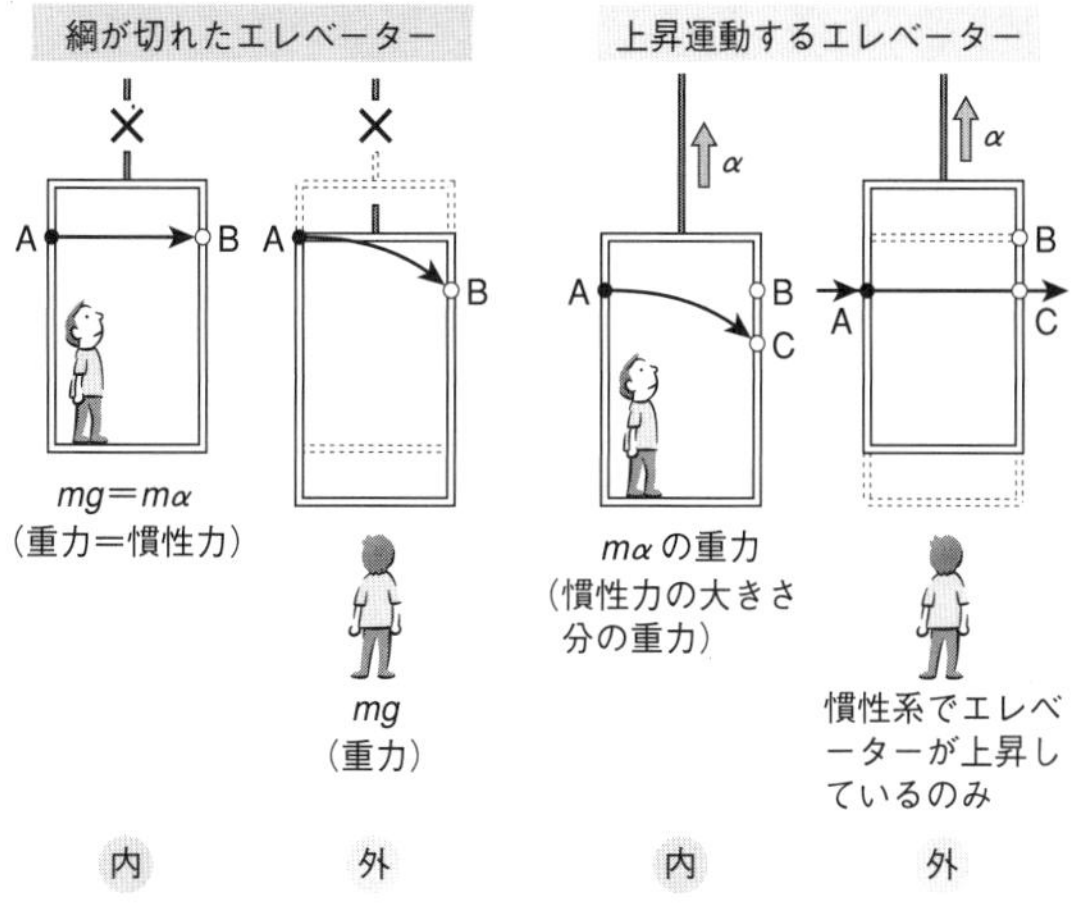

図2-10　エレベーターの思考実験

エレベーターに乗っている人間にかかる力を考えてみよう。

一つは地球の重力であり、鉛直下方に向かっている。その大きさは重力質量に重力加速度をかけたものになる。そして、もう一つの力は、加速度運動をする系において働く、加速に抗して元の状態を維持しようとする**見かけの力**である。電車が発車するとき加速され、足は電車の動きに応じて前へ進むが、体はそのままの状態を保とうとするため、私たちは後ろ向きの力を受けてよろめくことを経験する（逆に、電車が止まろうとブレーキをかけて減速すると前向きの力を受ける）。加速や減速という運動状態によって生じる力（その方向は運動方向に逆向き）であり、加速・減速がなく一定の速度になればこの力は消えてしまうから見かけの力と呼ぶ。物体が始めの状態を維持しようとする慣性があるためで、**慣性力**ともいう。この慣性力は慣性質量に加速度をかけた量で、落下するエレベーターの場合、加速運動の反対方向である上向きに働く。

そこで重力質量と慣性質量がきっちり同じならば、下向きの重力と上向きの慣性力はキャンセルし合うので無重力状態になる。見かけ上、重力を消すことができるのだ。宇宙飛行士が人工衛星の中で無重力状態となるのは、人工衛星が地球の周りを回転することによる遠心力（これも慣性力で、回転運動という加速運動によって生じる見かけの力である）が地球の重力と互いに逆向きで釣り合っているためである。遠心力は慣性質量に比例しているが、重力質量と同じであれば地球重力の大きさと釣り合ってキャンセルし合うことになる。

つまり、物体の運動状態を調節すれば重力を消すことができる。等価原理を承認すれば、このような状態が実現できるのだ。綱が切れて自由落下するエレベーターの系ではなんの力も働いていないことになる。慣性系となるのだ。

そこで自由落下するエレベーターの壁のある高さから光を放つと、エレベーター内では慣性系だから光は真っ直ぐに飛んで同じ高さの向かいの壁に到着する。

これをエレベーターの外で観察するとしよう。エレベーターとその内部の人間は一体で重力によって自由落下している。そこで、エレベーター内部で放たれた光の通路に着目しよう。エレベーター内部で見れば、光は真っ直ぐ飛んで向かいの同じ高さの壁に到着する。ところが、エレベーターの外部から見れば、エレベーターが落ちている分だけ壁は少し下がるから、同じ高さであっても光は少し曲がって動いたことになる。重力が働いている系では光は曲がるのだ。重力場中で光が曲がるという現象は、重力の強い点を通る光の速さが、重力の弱い点を通る速さより小さいために生じるから、光速不変の原理は成立しないのである。アインシュタインはこれに気が付いた。

今度は、重力が働いていない仮想的な空間（慣性系）を考え、そこでエレベーターがある大きさの加速度で上昇しているとしよう（実際にはこんな状況は実現不可能だが、そのような状態を仮想的に考えてみるという意味で思考実験なのである）。このとき、エレベーター内の人間には下向きの慣性力が働き、あたかも一様な重力の場にいるように感じているだろう。実際、すべての物質は落下する。一方、エレベーターの外から見れば、慣性系であるエレベーターが加速運動して上昇しているだけである。

今度は、エレベーターの外を飛んでいる光が窓から入り、水平に飛んで向かいの壁に到着する様子を考えてみよう。エレベーターの外から見れば、何らの力も働いていない慣性系だから、光は一直線に進んでいると見えるだろう。

一方、慣性力のために一様な重力場にいると思っているエレベーター内部の人にとってはどうだろうか。光はエネルギーを持ち、従って（慣性）質量を持っているから、この質量に対して見かけの重力が働き、光は曲げられるように見えるはずである。この場合は、エレベーター内外で見て、光線はAからCへと移動するので一致している（図2－10）。

このように等価原理を採用すれば、重力場があっても自由落下して加速運動をする系に移れば重力場を消すことができて慣性系となり（綱が切れたエレベーターの場合）光は直進し、それをエレベーター外部から見れば、重力場によって光は曲がると観察される。逆に重力場が存在しない系でも加速運動させれば見かけ上重力場を作り出すことができて（エレベーターを加速して上昇させる場合）、エレベーター内で光は曲がって観察されることがわかった。重力場（慣性力の場）があれば光速不変の原理は破れて、光は減速するのだ。

こうして、加速運動する系と重力が働いている系の同等性に着目して、加速系にまで力学体系を拡大したのが一般相対性理論である。

一般相対性理論は、重力を空間の幾何学として置き換えたという言い方がされる。例えば、太陽の重力場の影響を受けて粒子が引きつけられる運動を考えてみよう。このとき、太陽が存在する周辺の空間が伸縮して、トランポリンが少しくぼんでいるようになっていると

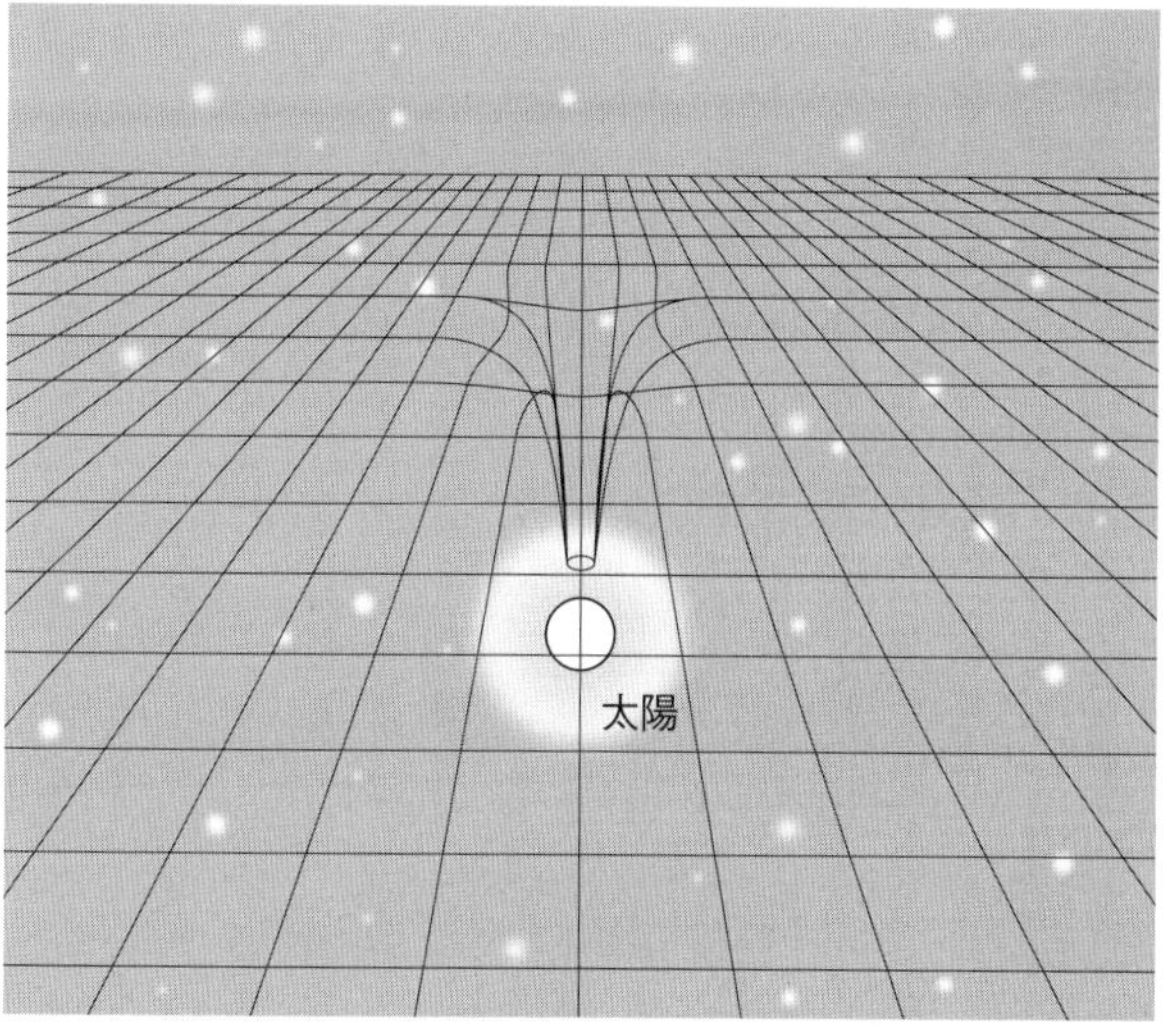

図2−11　重力場が生み出す加速運動
重力場があれば空間がトランポリンのように曲がっているため加速運動をする

考えるのだ（図2−11）。そのくぼみに沿って粒子が動けば引きつけられる運動と同じになる。そこで、重力場があれば空間がトランポリンのように曲がっているため加速運動をすると言い換えることができる。このとき、重力場によって光が曲がる現象は、光が二点間を結ぶ最短経路を通るとするフェルマーの原理を採用すれば、重力場のために空間が曲がっているため、最短経路が直線でなく曲線（測地線）になったと考えられる。こうして、重力場の効果を空間の性質に押し込めることができるのだ。

一般相対性理論は、等価原理と**一般相対性原理**（いかなる物理法則も異なった加速度運動する系の間で同じ形式で表現できるとする原理）のもとで構成されている。そして、これによって先に述べたように光が湾曲したり減速したりする。その極端なのがブラックホールで、強い重力のために光は大きく減速され、ついには外向きに運動できなくなる。こうして光といえど脱出することができない重力源が存在することも考えられる。ブラックホールとはそのような極端に重力の強い星で、宇宙にはいくつもその候補が見つかっている。

パウリ原理——ゆえに、原子は安定して存在する

一般に、多数の粒子が存在する場合、同種の粒子は区別がつかない。したがって、粒子の入れ替えをしても状態は変化しないはずである。

古典力学の場合はそれでよいのだが、量子力学の場合となると、そのまま適用できなくなる。同種粒子であっても、それがどのような状態にあるか考慮しなければならないのだ。

その前に、量子力学の世界では**スピン**という物理量が現れてくることを述べておかねばならない。電子などの素粒子は、軌道運動による角運動量の他に、粒子固有の角運動量を持っており、それをスピン角運動量（簡略化してスピン）と呼ぶ。スピンは、いわば素粒子が自転する大きさのようなもので、アイススケートで選手がスピンをしてクルクル回るのに似ている。そのスピンの大きさ（クルクル回る速さ）はある値を単位として、負でない整数値または半整数値に限られている。スピンは量子力学特有の物理量で、決まったとびとびの値を

とっているのだ。

　整数のスピンを持つ粒子をボーズ粒子（ボソン）、半整数スピンを持つ粒子をフェルミ粒子（フェルミオン）と呼ぶ。電子はスピンが１／２のフェルミオンであり、空間のある一つの方向（ふつうz軸方向にとる）の成分の値はプラス１／２（上向き）とマイナス１／２（下向き）の二つの状態しかとることができない。スピンの値がとびとびであり、またその粒子の状態を決める空間成分もとびとびとなっていて、**量子化**されているという。

　こうして、量子力学では量子化された素粒子の状態が**量子数**で指定される。量子数とは、その素粒子の運動量（エネルギー）や軌道運動の角運動量やスピンの量で、それらを指定して初めて素粒子の状態が完全に決定できる。このとき、半整数スピンのフェルミオンでは同一の量子数をもつ状態には二個以上詰め込むことができない、とするのが**パウリ原理**である。言い換えると、一つの素粒子が一つの状態を占めていると、他の同種粒子はその状態に入ることができず排斥されてしまうことになる。そのため、これを**パウリの排他律**ともいう。パウリという稀代《きたい》の天才は、他人の言うことをあまり聞かない唯我独尊の人であったようで、その名にふさわしい原理の発見であったのかもしれない。

　具体的に言えば、同じ運動量と同じスピンのz成分を持つ電子は一個しか存在できないのだ。このパウリ原理が働くために、原子が安定に存在できることが証明できる。原子内では、電子は決まったエネルギーの大きさ（**エネルギー準位**という）で軌道が決まっているが、その軌道に入ることができる電子の数はパウリ原理のために決まっている。そして、下

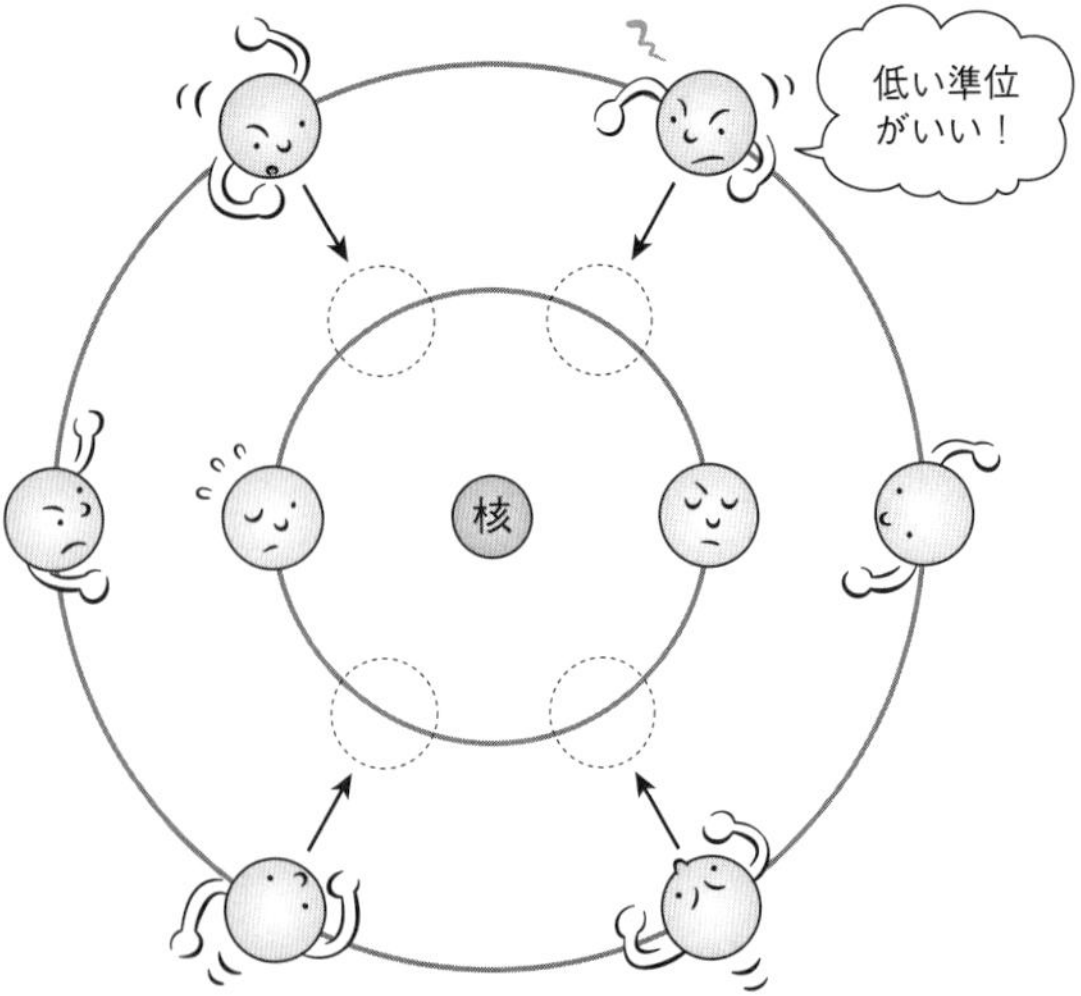

図2-12　もし、パウリ原理が働かなければ……
電子はエネルギーを放出して次々と遷移し、下の準位に溜まっていく

の準位から順々に電子が詰め込まれ、決まった数になるともうそこには電子が入ることができないから、上の準位に入るしかない。つまり、下の準位がいっぱいになると、電子はもはやそこへ遷移できなくなるのだ。

もしパウリ原理が働かなければ、下の準位にいくらでも多くの電子を詰め込むことができるから、電子はエネルギーを放出して次々と遷移し下の準位に溜まっていくことになる（図2－12）。そのため原子は安定に存在できないということになってしまう。パウリ原理が働くがゆえに原子は安定に存在し、この世が長続きするというわけだ。

そもそも板や鉄のような固体が硬くて容易に変形しないのもパウリ原理のためである。固体は多数の原子の集合体で、プラスの電荷を持つイオン（原子核）が規則正しく並び、その間を電子が分布している。このときも電子は下の準位から詰まっていくが、その準位は多数の電子が関与するため帯状のバンド構造をとる（図２－13）。外部から力を加えると、バンド構造は歪むが破壊されることがなく、元の形に戻ろうとする。それが物質の弾性あるいは剛性として働くのである。

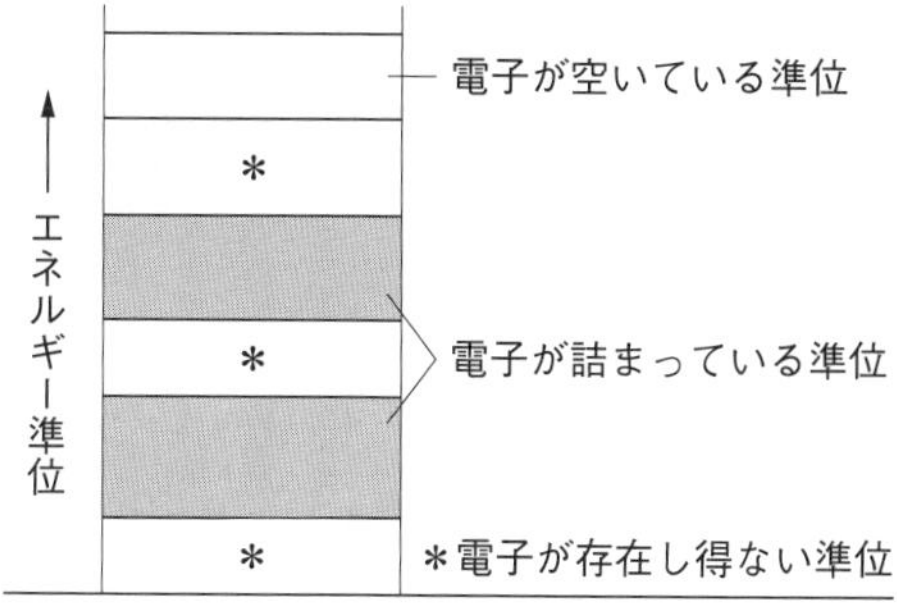

図２-13　帯状のバンド構造

また、各バンドに詰まる電子の数は決まっているから、電子が多数になるとエネルギーの高い準位に入らざるを得ない。そのエネルギーのために強い反発力を示すようになる。

太陽くらいの重さなのに、地球サイズまで収縮した星がある。**白色矮星《わいせい》**と呼ばれる星で、密度は地球の一〇〇万倍にもなる。このような星では、バンド構造は壊れて電子の海にイオン（原子核）が点々と分布しているようになる。このとき電子の海はパウリ原理のために運動量の小さい準位から順々に詰まっていき、大きな運動量までぎっしり集積する。これを**電子の縮退**といい、外部から力が加わっても電子は状態を変えることができないから、それ以上縮めることができなくなる。つまり、電子が縮退すると結果的に強い圧力が生じて反発するのだ。この圧力を縮退圧と呼ぶ。白色矮星は自らの重力を電子の縮退圧で支えている星なのである。

星をもっと圧縮すると、原子核中の陽子は電子と結合して中性子になり原子核からこぼれ出るようになる。ほとんどの粒子が中性子になった星が**中性子星**で、今度はフェルミオンである**中性子が縮退**する。このときの星の半径は一〇キロメートルくらいで、サイコロ一個分の重さが一億トンにもなっている。物質を極限まで押し詰めると中性子ばかりの星になり、パウリ原理のために潰れずに存在できるのである。

中性子星は一九三五年にその存在が予言されていたが、実際に発見されたのは一九六七年で、**パルサー**という思いがけない形であった。

最初、ジョスリン・ベルという女性の大学院生が、偶然に天空から電波パルスが規則的にやってくるのを発見した。いくつかのテストをして地球上での雑音ではなく、確かに宇宙からやってきていることを確認した後、指導教授のヒューイッシュに相談して発表することにした。最初は、すわ宇宙人からの発信電波かと騒がれたが、パルス形状が全く変わらず、パルス間隔もほぼ完全に一定であったことから、宇宙人説は簡単に否定された。何らかの情報を発信した電波なら、アルファベットに相当するパルス形状を変化させ、リズムに相当するパルス間隔も遅速がありそうなのに、それが一切ないのである。そのため、なんらかの機械的運動に伴って電波が出ているとしなければならない。そのためにパルサー（電波パルスを発する星）という変哲もない名前で呼ばれるようになった。

ヒューイッシュはパルサーの発見によってノーベル賞を授与されたのだが、実際の観測で発見したベルにはノーベル賞が授与されなかった。大学院生であったため、女性であったため、などとその理由が取り沙汰されたが、不公平感が残るノーベル賞であったのは確かである。

最初に発見されたパルサーのパルス間隔は一〜三秒程度であった。その周期で運動できる物体と考えると、白色矮星か中性子星のような高密度星でしかあり得ない。自転周期がこれにマッチするからだ。決定的であったのは、カニ星雲で見つかったパルス幅が三三ミリ秒のパルサーの発見であった（その後、もっと周期の短いミリ秒パルサーがいくつも見つかった）。こんなにも短い周期は中性子星でしかあり得ないからだ。

中性子星は、太陽と同じくらいの重さで、半径は太陽の一〇万分の一くらいである。仮に太陽をそのまま小さく収縮させればどうなるだろうか。太陽の自転周期は約二六日である。これをどんどん縮めると回転は速くなる。角運動量保存則を使えば自転周期は半径の二乗に比例するから、半径が一〇万分の一になれば自転周期は一〇〇億分の一で、〇・二二ミリ秒になる。中性子星本体がこれだけの速さなら、その外層部はそれより多少遅くてもよく、ミリ秒パルサーをよく説明できる。

電波を出すメカニズムとしては、地球と同じように大きな棒磁石に似た**双極子磁場**を持っていると考えればよさそうである。地球で電気を持つ素粒子が地磁気にトラップされて電波を放出しているように、中性子星に付随した強い磁場に電子やイオンが捕らわれ加速されて電波を出すと考えるのだ。それがパルス状に見えるのは、くるくる回転する灯台の灯りがこちらを向いたときだけ光を受けるというモデルとすればよい。カニ星雲では電波だけでなく可視光やX線でもパルスを出していることがわかり、磁場の強さは一兆ガウス程度にもならねばならない。

磁場の強さは磁気フラックスの保存則を適用すると、半径の二乗に反比例する。太陽が一〇〇ガウス程度だとすると、半径が一〇万分の一の中性子星になると約一兆ガウスになり、これもよく合う。

このような経過で中性子星がパルサーという形で発見されたのである。そのことは間接的に中性子の縮退という形でパウリ原理が働いていることの証明ともなった。

不確定性原理——完全に静止した物体はない

原子よりサイズが小さい物質に対する物理法則が注目されるようになったのは一九世紀末で、真空にした管の両端に電極を取り付けて放電させると微粒子が陰極から飛び出してくる現象が実験できるようになってからだ。これを**陰極線**といい、電荷がマイナスの軽い粒子の流れであることがわかった。それが電子であると証明したのはJ・J・トムソンである。

また、物質を構成する基本単位が原子であり、スペクトル観測（原子が放出する光を波長ごとに分ける観測）によって原子に構造があることが知られるようになっていた。その原子の中心にごく小さなプラスの電荷を持った**原子核**があり、その周辺をマイナスの電荷を持つ電子が回っていて、全体として電荷がゼロになっていることを示したのがラザフォードであった。原子の大きさはほぼ一億分の一センチで、電子が広がっている大きさに対応する。それに対し、原子核の大きさは一〇兆分の一センチと極めて小さいが、原子の重さのほとんどを担っているらしい。

このような原子構造の研究から量子力学が建設された。原子の内部世界ではエネルギー状態は連続ではなく、とびとびの値を取ること（これを量子という）を仮定すれば原子が放つスペクトルが再現できることがわかった。これはニールス・ボーアの功績である。そのような原子内部における電子の運動を記述する理論がハイゼンベルクやシュレジンガーによって提案され、量子力学が打ち立てられたのである。

量子力学においては、通常の物理学と異なった記述を甘受せざるを得ない。ニュートン力学で代表される通常の物理学においては、粒子の位置や速度などの物理量はいかなる精度でも完璧に決定できる。しかし、量子力学で粒子の運動を同じように記述しようとすればそれが不可能になる。粒子の位置を正確に決定しようとすれば、その運動量（質量に速度をかけた量）は不確かになり、逆に運動量を正確に決定しようとすれば位置が不確定になるためである。つまり、二つの量を同時に正確に決めることができないのだ。

これは観測技術の不十分さによるものではなく、原理的に位置と運動量を同時に確定することは不可能で、位置の不確かさと運動量の不確かさの積がある値（プランク定数）に等しいと示したのがハイゼンベルクの**不確定性原理**である。さらに、物質のエネルギー状態の不確かさとその状態にある時間の不確かさの積も、やはり不確定性原理に従うことがわかっている。

不確定性原理は、ミクロな世界の物質状態を記述する根本原理と言える。光や電子などが波動性と粒子性の双方の性質を持つことと関係しているが、なぜそうなっているか証明できないので原理としか言いようがない。アインシュタインは、物理量が完全に決まっていない理論は不十分であるとして量子論を生涯認めなかったが、それはニュートン力学的な古典的発想に囚われていたためである。

不確定性原理を認めると、量子論特有の新しい現象が生じることになる。物質の最低エネルギーでは（例えば温度が絶対零度になると）、物質は絶対静止状態になるはずである。しかし、不確定性原理を適用すると絶対静止は存在し得ないことになる。絶対静止とは運動量がゼロを意味するが、不確定性原理によれば、そのとき物質の位置は完全に不確定になってしまう。その位置がある範囲で決まっているということは、絶対静止ではないことを意味する。つまり、最低のエネルギー状態になっても、物質の位置や運動量は完全に確定しているのではなく、小さく揺らいでいるのである。これを**ゼロ点エネルギー**という。量子世界では、物質は常に小刻みに揺れ続けていると言えるだろう（このゼロ点エネルギーは不確定性原理に由来するものだから、決して外部に取り出すことはできない）。

このことによって重要な事柄が簡単に説明できる。原子は、原子核というプラスの電荷と電子というマイナスの電荷を持った粒子で形成されている。これらの間に働く力はクーロン力で、プラスとマイナスの電荷を持つものの間に働く力は引力（引きつける力）だから、そのままでは電子は原子核に落ち込んで、原子は崩壊してしまうはずである。しかし、電子は落ち込まず、原子は安定に存在している。なぜだろうか。

これは不確定性原理で理解することができる。一億分の一センチに広がった電子が一〇兆分の一センチの小さな原子核まで落ち込もうとすれば、位置の不確かさ×運動量の不確かさ＝プランク定数という不確定性原理によって大きな運動量を持たざるを得ない。大きな運動量を持つとは、激しく行き交う速さを持つということである（運動量は質量と速度の積であることを思い出そう）。つまり、電子が原子核に落ち込み原点に近づいて位置の不確定度が小さくなると、反対に運動量の不確定度が大きくなってさっさと通り過ぎてしまうのである。このため原子は潰れる暇がなく、安定性を保っていると言える。そのエネルギーの源泉はゼロ点エネルギーなのである。不確定性原理があればこそ原子は安定に存在でき、私たちが生きていけるとも言えるのだ。

宇宙の始まりについても不確定性原理が重要な役割を果たしている可能性がある。

宇宙の始まりはすべてのものが「無」の状態であると考えられている。何も無いところから宇宙が誕生したはずであるからだ。しかし、完全な無は存在するのだろうか。無の状態であっても、ゼロ点エネルギーの不確かさは存在するから、そこに不確定性原理は適用されるはずで、そのゼロ点エネルギーの不確かさのために時間が微小に揺らいでいるのである。そのことは、無の状態から物質と反物質が形成され（対生成）、互いに短時間だけ相互作用しては消えていく（対消滅）状態が存在することを意味する。無ではあっても、微視的に見れば不確定性原理に従って物質と反物質が生成・消滅しているのである。完全な静寂の世界ではないのだ。そのような状態から、何らかの契機で宇宙が誕生したというのが現在の宇宙創成のストーリーである。

今のところ「何らかの契機」としか言えず、どのような物理過程が働いたか明らかではないが、この宇宙が生まれたのも不確定性原理によると思えば偉大な原理と言えるのではないだろうか。

宇宙原理——人間は特別な存在ではない

宇宙の始まりのことに話がおよんだので、**宇宙原理**について述べておこう。宇宙論の最も基本となる原理である。

宇宙原理とは、私たちが住む宇宙は、どこでも同じ（一様性）、どの方向も同じ（等方性）と仮定することで、元来はアインシュタインが導入したものである。私たちは宇宙の特別な場所にいるのではなく、宇宙はどの場所もどの方向も完全に同じ状態にあるとするのだ。アインシュタインはこの宇宙原理を採用して、自らが提案した宇宙方程式を解いたのである。

かつて人間は自らを特別な存在と考え、宇宙の中心にいると考えてきた。天動説宇宙である。しかし、地動説の時代になって宇宙の中心を太陽に譲った。これは、いわば太陽系という宇宙の覇権争いであった。さらに、この宇宙には銀河が点々と分布していることがわかり、かつ私たちの太陽系は銀河系と呼ぶ星の集団の中心から外れた場所にいることがわかって、宇宙原理を受け入れざるを得なくなった。私たちは、宇宙の中心にいるわけでなく、太陽というありふれた星の周りを回っている平凡な存在に過ぎないのである。

ならば、私たちが見る宇宙の姿は、他の銀河から見ても同じであるに違いない。宇宙は完全な民主主義なのである。そのような発想から宇宙原理が採用されたとも言える。

むろん、宇宙原理は個々の銀河やその分布の不均一を問題にしていない。あくまで、宇宙の平均的性質を論じるために、局所的な不均一を均《なら》して考えているのである。観測可能な宇宙の大きさを一〇〇億光年くらいとすると、一〇億光年くらいの大きさ以下では凸凹《でこぼこ》があって一様とは見なせないが、それより大きいスケールで平均すると同じ姿であると見なせるということだ。実際、観測によってその仮定は満たされている。

また、宇宙は「等方性」をもつと見なされている。ある特別な方向は存在しないと考えることだ。

宇宙が回転していれば、特別な方向が生じる。回転軸方向とそれに垂直な方向とは作用する力が異なり、見え方も異なってくる。例えば、地球が回転するために、回転軸方向にある北極星は動かず、周囲の星はその軸の方向を中心とした円運動をするように見える。明らかに星が見える方向によって動きが異なって見えるのである。そのようなことは宇宙においては起こっていないとするのだ。

宇宙原理によって、私たちは宇宙の運動を斉一的に論じることができるようになった。私たちはありふれた宇宙の一点から全体世界を眺めているに過ぎないのである。

実は、このことはふだんの生活においても使われている。学校の数学の授業で、適当に原点を決め、適当な方向に座標軸を引く。厳密に言えば、個々の学生ごとに地球上の位置が異なり、地球の回転軸からの距離も異なっているから、同じ図は描けないはずである。しかし、みんなの答えは一致する。地球の大きさに比べれば教室の大きさは無視できるくらい小さいから、その誤差は小さいのである。そのことを考えてみれば、宇宙原理は当たり前のように見えるが、必ずしも自明ではない。ひょっとすると、私たちは宇宙の大きさに比べて極《ごく》小さな世界しか見ていないので、近似的に正しいと誤認しているのかもしれないからだ。

しかし、宇宙の平均的な状態が場所ごとに異なり、ある方向が特別であるとすれば、宇宙全体の運動を論じることが不可能になってしまう。そのような非一様宇宙を議論する研究もあるが、それでは何でもありとなってしまって秩序ある宇宙を論じることができなくなる。それでもやむなく宇宙原理を採用していると言えなくもない。

法則とは、「いつでも、どこででも、一定の条件の下に成立するところの普遍的・必然的な関係」のことである。「いつでも、どこででも」とあるように、どの時刻で試そうが、まただどの場所で調べようが、変わりなく成立する。時間や空間から独立なのである。

といっても、「一定の条件の下」と注釈されるように、何らかの制限条件が付くのが普通である。ある範囲内ではこれが成り立つということであって、全く無条件で成立するというわけではない。

その制限条件には、「××であれば」という簡単なものから、「××を満たしていれば」「××の範囲であれば」というような厳しいものまであり、それを頭に入れておかねばならない。その条件を忘れて、何にでも当てはめようとすると間違いを犯すことになる。また、「大きさも重さもない質点」とか、「摩擦や空気の抵抗を無視する」といった、わざわざ述べられることのない、暗黙の前提もあるから、要注意である。

法則と呼ばれるものに、実験や観察・観測によって得られた経験則と理論の根底をなす本質的法則の二種類があることは先に述べた。前者は実験等で得られた規則性を整理したもので、その段階ではなぜその規則性が成立しているのかはわからない。それに対し、後者は得られた規則性の根源的理由を明らかにしたもので、一般的に同一条件下では他の類似現象にも適用できる普遍性を備えている（それだけに抽象的表現となることが多い）。以下では、幅広い条件下で成立する法則を主に取り上げて解説しよう。

平行四辺形の法則——力学の、基礎の基礎

力学を学ぶ際に、一番最初に出てくる法則である。

矢が飛んでいるとしよう。このとき、矢が飛ぶ速さは秒速二〇メートルというふうに表現する。一つの数値で矢の運動を表現しているのだ。数（または数と同等の性質を持つ量）でものの状態を表す方法で、速さ以外に強さ・大きさ・重さなどがある。全体としての特徴を捉える最も簡明な表現法で、これを**スカラー**と呼ぶ。スカラーは、そのまま数値を足しあげることができる。

飛ぶ矢をクローズアップしてみれば、動く方向は刻々と変化している。その方向には地面に垂直の方向（一成分）と平行の方向（二成分）があり、計三成分を持っている。

簡単のために、矢が飛ぶ方向に平行な面のみを考えると、平行方向は一成分となるから、二成分に簡単化できる（図３－１）。矢が飛ぶ**速度**という場合には、この二つの成分を指定しなければならない。つまり、速さと向きが決まってはじめて、矢が向きを変えながら運動する状態がわかるのである。このように速さと向き（空間の次元数と同じ数になる）を持つ量として速度が定義できる。速度だけでなく、一般に大きさと向きを持つ量を**ベクトル**とい

う。

逆に言えば、ベクトルは空間の次元と同じ数の成分に分解することができる。簡単のために平面（二次元）上にあるベクトルを考え、二つの成分の和で表してみよう。一つの成分をある方向にある大きさだけとすると、残りの成分はその先から元々のベクトルの先端まで直線で引いたものになる。つまり、元のベクトルが平行四辺形の対角線になるように二つのベクトルに分解することができる。これをベクトルの分解に関する**平行四辺形の法則**という。

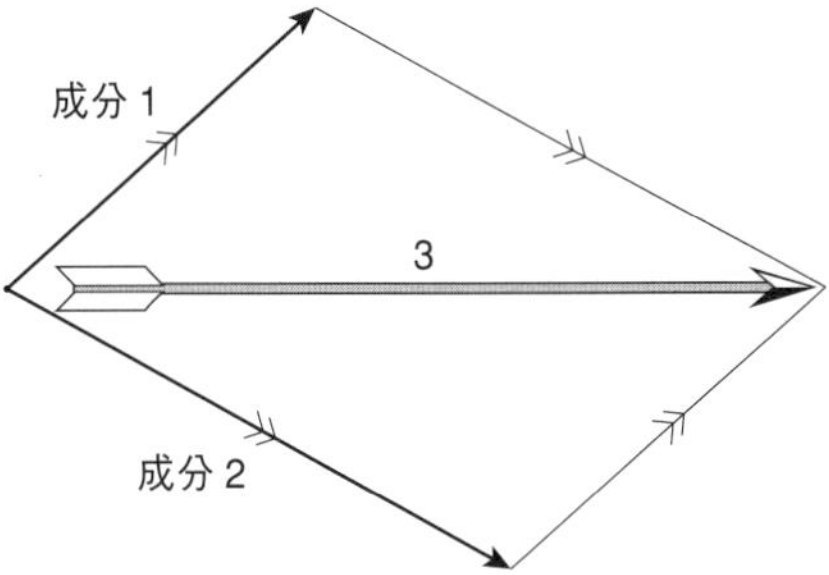

図３－１　平行四辺形の法則
矢の速度３は、成分１と成分２に分解できる

二つのベクトルは任意に選んでよいから、ベクトルの分解法は無数にある。その中で、都合の良い方向を選べば問題を簡単化することができる。飛ぶ矢で言えば、重力が働く鉛直方向と、それに垂直な方向（空気抵抗が無視できるなら、この方向には力が働かない）に分け、それぞれの方向についての力を考慮して運動方程式を立てればよい。

ベクトルの分解と逆なのがベクトルの合成である。大きさと方向が異なった平面上の二つのベクトルを足し合わせる（和をとる）ことを考えよう。例えば、水が流れている川を船で横切るような場合で、流れの速

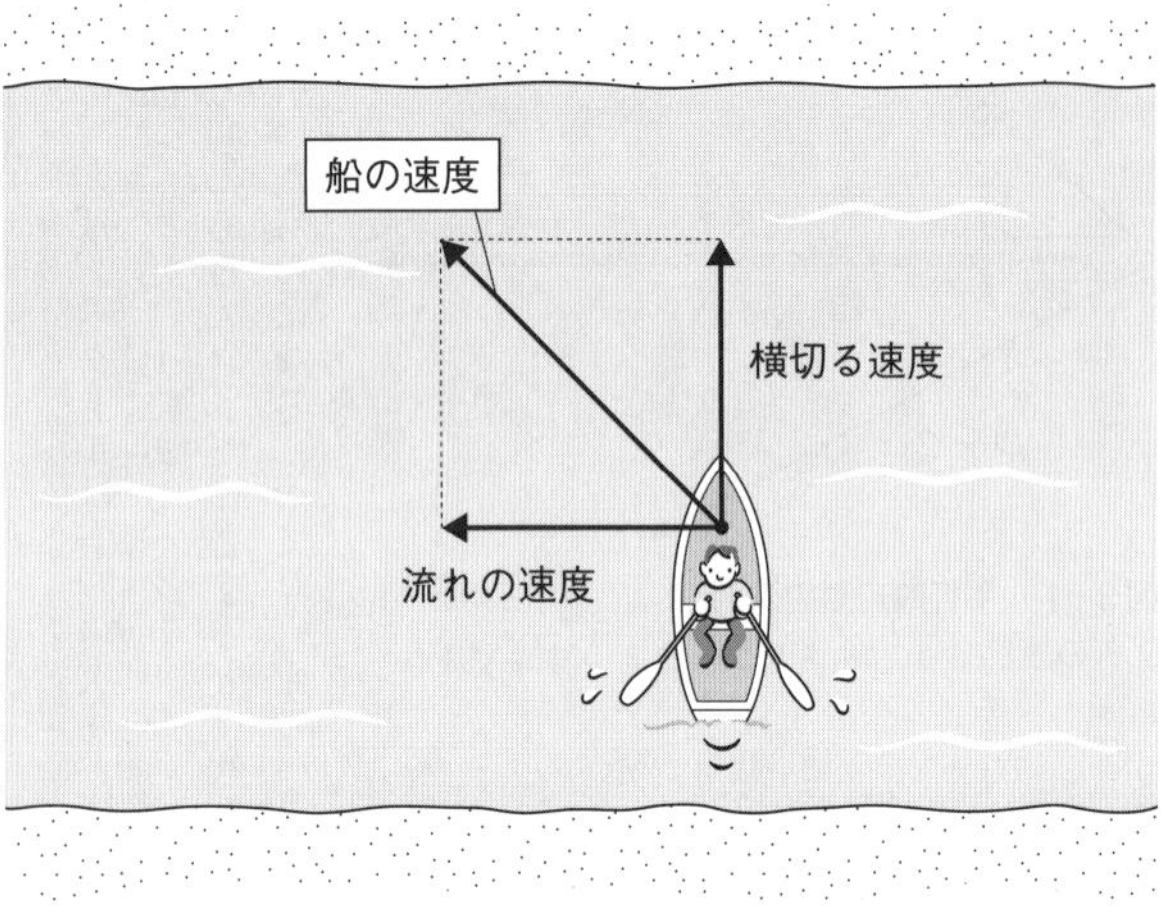

図3−2　ベクトルの合成

度（川に平行）と横切る速度（川に垂直）を合成した速度で船が進む。このとき、二つのベクトル（流れと横切る速度）の原点を一致させて、それぞれの方向と速度を長さに変え、それらが平行四辺形の二辺になるよう作図すればよい（図3−2）。その対角線が船の速度で二つのベクトルの和になる（あるいは、一つのベクトルの先端部からもう一つのベクトルを引いて三角形をつくると、残りの一辺がベクトルの和となっている）。このようにベクトルには大きさと方向があるため、二つのベクトルの和（差）は単純に大きさを足した（引いた）ものにはならないことに注意する必要がある。

ローマの遺跡には石のアーチが多く建設されている。支えるために鉄の棒などは一切使わず、石にかかる重力ベクトルを分解して崩れないように工夫している。頂点にある石には地面に垂直方向に重力が働くが、それを左右の二つの成分に分け、その成分の力を支えるように左右に石を置く。だからその左右の石には、自分の重力と上の石からかかる力を合成した力が働く。その力を支えるように次の石を置くと、その石には合成した力と自分の重力が働き、それらを合成した力がまたその下にかかる、というふうに力の分解と合成を巧みに利用して安定したアーチを作っているのである（さらに力の接触部分が多くなるようにクサビ形の石やレンガを差し込んでいる）。アーチは外部からの重力と同じ下向きの力は分解されるので壊れないが、内部から持ち上げると簡単に壊すことができる。

このことは、鳥類や虫類の卵の形に活かされている。卵を横にして両方の手のひらで押しても簡単に壊れないのは、石のアーチと同じ原理が働いているためである。卵の場合は連続したアーチになっており、非常に弱い殻であっても外部からかけられた力を分解して逸らしているので強いのだ。ところが、弱いヒナであっても内部からクチバシでつつくと簡単に殻を破ることができる。外力に強く、内力に弱い、これがアーチ形の特徴と言える。

風を帆に受けて動くのがヨットである。意外なのは、逆風（向かい風）であってもヨットを前方に進められることだ。あれはどうなっているのだろうか。

帆が飛行機の翼のように膨らみ、風が帆に沿って流れていくとする。そうすると、帆の膨らんだ部分に空気の流れによる遠心力が揚力のように働くのである（図3－3）。風によって生ずる遠心力（揚力）は帆に垂直方向であり、その力は竜骨線方向とそれに垂直な方向に

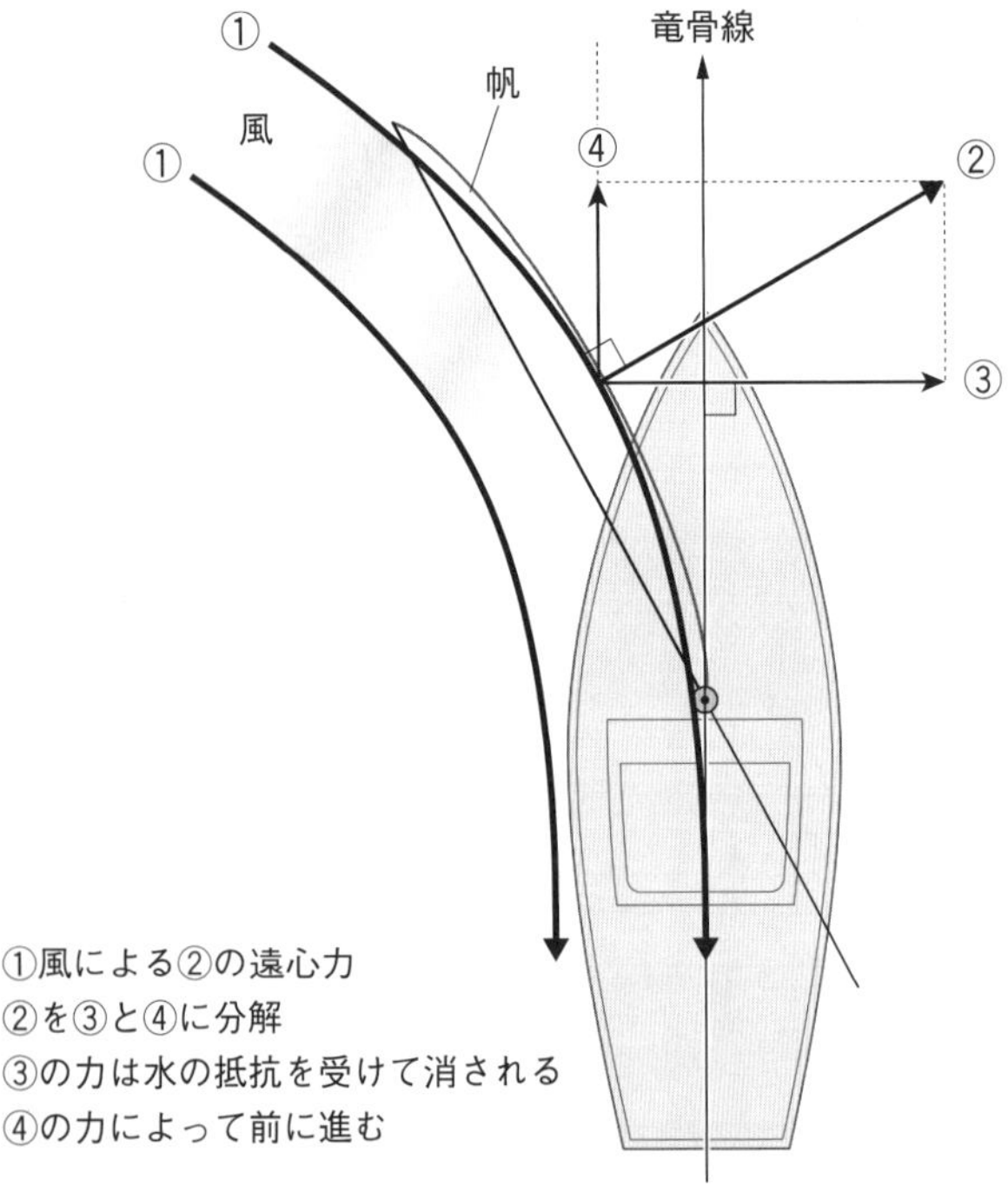
①
竜骨線
帆
風
①
④
②
③
①風による②の遠心力
②を③と④に分解
③の力は水の抵抗を受けて消される
④の力によって前に進む

図3-3　走行中のヨットを上から見ると……

分けることができる。竜骨線に垂直な成分の力は深い竜骨による水の抵抗を受けて消されるので、残る力は竜骨線に平行な成分だけであり、それによって風に逆らって進むことができる。風の方向とは四五度だけずれていると最大の遠心力が得られる。実際には、風の方向にジグザグに進めて（タッキング）、コースからずれないようにしているらしい。

自由落下の法則――中也さんはわかっていなかった

空気抵抗のないところで、地球の重力の作用を受けて物体が地面に落下するときの運動の法則である。

落下する速さは時間に比例し、落下距離は時間の二乗に比例する。時間を消去すれば、落下距離は速さの二乗に比例し、逆に速さは落下距離の平方根に比例する。そして、落下する物体の重さや密度にはよらない。この法則を実験によって明らかにしたのがガリレオであった。

ガリレオの時代はまだ正確な時計がなく、短時間の現象を正確に記述することができなかった。そこで、ガリレオは直接の落下実験ではなく、斜面に沿って玉を転がすことにした。斜面とすることによって重力を斜面に平行な成分と垂直な成分に分けられるので、有効な重力の大きさを小さくすることができ、時間を引き延ばせる（速さを小さくできる）のだ。またガリレオは、小さな穴からこぼれ落ちる水の量から時間を測る水時計で落下速度を測定したらしい。この実験によって、空気抵抗が無視できるくらい玉が重ければ、重さに関係なく同じ速度で斜面を転げ落ちることを証明したのである。

それまでは、アリストテレスの言明にあったように、重い物体ほど速く落下すると信じられていた。重くなればそれだけ地面が引きつける力が強いので、速く落ちるのが当然と考えられたのだ。実際、羽毛、木の葉、石、鉄の玉を落下させてみれば、重い物のほうが速く落ちる。これが空気抵抗のためか、落下の法則がそうなっているのか、その両方の効果なのか、を明らかにしなければならない。そこでガリレオは、空気抵抗が無視できるような重い玉を使い、斜面を利用して落下実験を行ったのである。

有名なガリレオの逸話に、ピサの斜塔での自由落下の実験がある。傾いたピサの斜塔の窓から重さが異なった石を落下させ、同じ速さで落ちることを公衆に示したというものだ。実は、これは伝説のようで、事実ではないらしい。実際に二つの異なった重さの大きな石で自由落下の実験を行ったのはオランダのステヴィンで、一五八六年のことと伝えられる。そして、イギリスのロバート・フックは、ゲーリケが工夫した真空容器内で硬貨と羽毛を落とし、同じ速さで落ちることを示した（一六五七年）。空気抵抗がなければ落下速度は重さに関係しなくなることを過不足無く証明したのである。

学生の力学演習で、モンキーハンティングという少々残酷な問題がある。木に登っているサルがいる。そこから離れた場所の地上にいるハンターが銃を撃ち、その瞬間にサルが地上に向かって飛び降りるとする。そのとき銃の筒先をどの方向に向ければよいか、という問題である。サルは（自由）落下していくのだから、その行路を推測して下の方に銃を向けたほうが良さそうに思える。しかし、そうではなく、最初にサルがいた場所を狙うのが正解なのである。鉄砲の弾も重力を受けて地面の方向に引っ張られて自由落下するから、サルと弾は同じ落下運動をすることになって、必ずサルに命中するのだ。

これと同じなのがクレー射撃で、真っ直ぐ上に投げ上げられた皿に弾を命中させるためには、皿が一番高く上がって静止した瞬間に皿を狙って撃てばよい。むずかしいのは、横から皿を投げ上げて放物運動をするときである。横方向の速度を考慮しなければならないからだ。この場合、筒先を皿の動きに合わせて横方向に動かし、その速さを皿が横に動く速さと同じにしなければならない。そして皿が頂上に達したときに弾を発射すれば命中する。「言うは易く、行うは難し」なのだが。

中原中也にダダイズムの面白い詩がある。「タバコとマントの恋」である。

タバコとマントが恋をした／その筈だ／タバコとマントは同類で／
タバコが男でマントが女だ／或時二人が身投心中したが／
マントは重いが風を含み／タバコは細いが軽かったので／
崖の上から海面に／到着するまでの時間が同じだった／
神様がそれをみて／全く相対界のノーマル事件だといって／
天国でビラマイタ／二人がそれをみて／
お互いの幸福であったことを知った時／恋は永久に破れてしまった

詩ごころのない私には、なぜタバコが男でマントが女であるのかわからないが、二つの異なった物体の落下運動を詩にしたものと考えてよいだろう。アリストテレス流に重いものの方が軽いものより速く落ちるはずとしつつ、空気抵抗を考慮すれば同じになるという奇妙な結論で、それを「相対界のノーマル事件」とするのはより奇妙である。自由落下を無理に相対論にこじつけた中也さんは、物理については素人であることがよくわかる（当時のダダイズムは相対主義を高く評価し、相対性理論を発表したアインシュタインを崇《あが》めていた）。

斜面の実験によって自由落下の法則を明らかにしたガリレオは、**慣性の法則**に気づいた。玉を斜面に沿って落とすと重力によって加速され、速度が大きくなる。逆に斜面に沿って玉を昇らせると、重力の効果で減速され、速度が減っていく。それなら、斜面ではなく水平な面に玉を転がせばどうなるだろうか。同じ高さの運動なので重力は関係せず、加速も減速もしない。ならば、玉は一定の速さで動き続けるのではないか。アリストテレスは力を加え続けないと運動は継続しないと言ったが、そうではない。力を加えなくても運動をし続けるはずだ。それが**慣性**であり、物体はずっと運動を維持し続ける——その発想が慣性の法則の源泉となったのである。

慣性の法則——地上でも船上でも力学法則は同じ

外部から力が働かない限り、静止した物体は静止したままであり、運動している物体は一定の速度（同じ方向に同じ速さ）で運動し続ける、というのは力学の基本法則である。そして、そのように物体の状態を記述する系を**慣性系**という。互いに等速直線運動をする二つの系はいずれも慣性系であり、無数に存在することになる。ニュートンの運動の法則の第一に位置づけられ、慣性系が存在することが力学を記述する基本となっている。

「（動く）クルマはすぐには止まれない」という標語がある。ブレーキをかけても（外力が働いても）、クルマは運動状態を持続しようとすることで、これを**慣性**と呼んでいる。電車が駅に到着するときブレーキがかかって足元は減速するが、体はそのまま前に動き続ける慣性を持っているので、前のめりになる。電車が発車するときは逆で、体は静止状態を保とうとする慣性が働くから、動き出す足元についていけず後ろにつんのめりそうになる。電車に乗っている系から見れば、余分な力が働いているように見えるので、これを**慣性力**（見かけの力）という（回転する座標系における慣性力については後に述べる）。

慣性の法則に最初に気づいたのはガリレオで、船に乗っている乗客の運動についての思考実験の結果である。一定の速さで動いている船の上でボールを投げ上げる。ボールは手を離れて空中に上がるから、落ちてくる場所は船が動いた分だけ後ろに落ちねばならない。ところが、船に乗っていても地上と同じように、ボールは足元に落下する。なぜなのだろうか。ガリレオは、船に乗っているときには、投げ上げたボールは船と同じ速さで運動しているとすればよいことに気づいた。ボールには慣性があって、船と同じ運動状態を持続しているのである。

そうすると、窓がない部屋に居て船が動いていることを知らない乗客と、地上で静止している人間との間には何らの差もないことになる。慣性系は全く対等で優劣はないのである。とすれば、力学の法則はいかなる慣性系についても、同じように記述されねばならない。それが**ガリレオの相対性原理**ということになる。

ガリレオは地動説を支持して地球が自転していることを主張した。当時地球の自転に反対する論拠として、空気は止まったままで地球の自転に取り残されるから相対速度がつき、すごい強風になるはずという意見があった。地球の自転速度は赤道上で秒速四六三メートルもあり、それによる大きな風圧で私たちは吹き飛ばされてしまう、というわけだ。実際にはそうなっていないことから地球の自転を否定したのである。しかし、空気は地球と一緒に回転していること、つまり空気は慣性を持って地球と同じように運動しているため、相対速度が生じないから風圧を受けないとガリレオは主張して、この問題に決着をつけたのだった。

シラノ・ド・ベルジュラックの小説に『日月両世界旅行記』がある（一六五二年）。フランスで実験を行っていたベルジュラックは、地上での爆発事故で空に舞い上がってしまった。数時間して無事地上に降り立ったとき、彼は大西洋を越えてカナダに到着したという。地表から離れている間に地球が東から西へ回転しており、再び地表に戻ったときはアメリカ大陸が真下に来ていたというわけである。しかし、そんなことは起こり得ない。地上から飛び上がったとき、慣性によって地球の自転と同じ速さで運動し続ける。だから、たとえ空気がない上空に昇ったとしても、地上に舞い戻ると、飛び上がったのと同じ地点に降りるだけになるからだ。

爆撃機から爆弾を投下したときも、真下に落下するわけではない。爆弾は爆撃機と同じ速度で飛ぶためだ。爆撃機が一定の速度で直線運動をしていれば、操縦士から見れば爆弾は常に眼下を落ちていくように見えるが、直下に落ちるのではない（むろん、重力で落下していくので、爆弾は爆撃機から下方に離れていく）。

慣性の法則を力学の基本法則として位置づけたのはデカルトで、慣性を保つ（そのまま一定の速度を持続する）ことを、以下の運動量保存則として一般化したのである（むろん、物体の運動に対し摩擦や粘性のない理想状態での基本法則である）。

運動量保存則――相撲取りがガツンとぶつかると

外力が働かない系においては、物体の質量と速度をかけた積である運動量は運動を通じて一定に保たれるという法則で、保存則として最初に発見されたものである。

慣性の法則では速度が持続するのだが、物体が合体する（あるいは分裂して二つに分かれる）場合、持続して保存される量は速度ではなく、質量と速度をかけた運動量だと考えねばならない。例えばビリヤードにおいて、運動する玉が正面衝突して止まっていた玉が動き始めるとき、玉の質量は同じだから動き出す速度は同じになる。速度は持続するのである。ところが、二個の同じ質量の球が同じ速さで正面衝突して合体し、異なった重さの二個の球に分裂して、互いに飛び去っていったときの各々の速さを求めるという問題だと、運動量を使わねばならない。運動量という物理量を用いて慣性の法則を一般化したと考えることができる。

運動量は系の一部から別の部分に移ることができるが、新たに生成したり消滅したりすることがないというのが**運動量保存則**である。運動量は速度ベクトルに比例するから、その方向性も考慮しなければならない。

相撲取りがガツンとぶつかり合う。二人の相撲取りの運動を一つの系内の現象とみなせば、外力は働いていないから運動量が保存する。二人は激しくぶつかり、一方が巨漢で怪力であり、他方が小兵で非力であっても、双方ともに動かないことがよくある。小兵は正面で受けとめればぶっ飛ばされてしまうのだが、巨漢の運動量の方向を巧く分散させるよう体を左右に動かすことにより、小さい運動量であっても持ちこたえられるのだ。運動量がベクトルであればこその技といえる。ときには、巨漢の運動量を受けとめるべき体を巧く逸らせて空を切らせる。巨漢はそのまま真っ直ぐに運動して土俵を割るというわけである。

面白い振り子がある。同じ重さの玉が五個接していて、一番左端の玉を振らせて接した玉にぶつからせると、中の三個は動かないまま右端の玉が大きく振れ、それが戻って中の玉にぶつかると今度は左端の玉が振れるという振り子である。まず左端の玉が運動量を持って中の玉にぶつかると、接している三個の玉に運動量が輸送され、その運動量を右端の玉一個が得て、最初の玉と同じ速度で動き出すのだ（逆の運動も同じ）。より細かく見て、中の三個の玉は次々と運動量を受け渡していると言ってもよい。運動量は輸送できるのである。

運動量はベクトルだから、ある向きをプラスにとると、反対方向はマイナスになる。だから、全運動量がゼロであっても、運動量の大きさが等しく、互いに反対向きの二つの運動を生み出すことが可能になる。これがロケットの原理である。

ロケットは、ガスを激しく噴射した分の運動量を生み出し、本体を逆向きに動かしていく。噴射するガスの質量は小さいが速度は大きいので、質量の大きい本体をゆっくり加速することができる。それを繰り返して秒速八キロメートルまで加速し、人工衛星とするのだが、ロケット本体の重さの九〇%以上は燃料で、ガスとして噴射するのに使われている。

ジェット機も原理的にはロケットと同じ運動量保存則で飛行している。ロケットの場合は液体酸素を積み込んでいて空気のない場所でも燃料を燃やせるが、ジェット機は空気から酸素を取り込んでいる、という違いがあるだけだ（その分、ジェット機は液体酸素を積まなくてよいから本体を軽くできる）。ジェット機では、逆噴射をして飛行機をバックさせたり方向転換させたりすることができる。ガスが噴射する流れを逆向きにする装置が取り付けられていて、発生させる運動量の方向を変え、機体が動く方向を変化させているのである。ジャンボ機のような大きな機体を自由に操縦できるのだから、ガスの噴射がいかに大きな運動量を持っているかが想像できるというものだ。

ニュートンは、運動量保存則で動くクルマを考えた。クルマの後ろに釜を乗せ、水を高温に加熱して水蒸気に変え、パイプで後方のみに噴射するようにしたのである。後ろ向きに噴射した水蒸気の運動量でクルマ本体を前向きに動かそうというわけだ。ところが、残念ながらクルマは動かなかった。水蒸気を高圧に保つ釜がなかったので、吹き出る運動量が小さすぎたのである。

夜空を彩る花火も運動量保存則を利用している。芯になる部分の火薬の爆発力で花火の広がる運動量を生み出すのだが、むろん最初の火球が上空へ飛び出すように動く方向を制御している。花火のむずかしさは、熱伝導によって燃える部分の温度が上がる速さを調整することにある。飛び出す速さに比べて温度が速く上がりすぎると速く燃えて昇らないまま爆発してしまい、遅すぎると燃えないまま散らばってしまう。熱が流れる速さと運動量を得る速さという二つの速さをいかに巧く制御するかが、花火職人の腕の見せ所なのである。

角運動量保存則——生卵とゆで卵の見分け方

角運動量は、ある一点の周りの回転能力の大きさを示す物理量で、原点からの位置ベクトルと運動量ベクトルとの**外積（ベクトル積）**で表されるベクトルである。外積（ベクトル積）とは、それによって定義されるベクトルが二つのベクトルに垂直方向で、その大きさは二つのベクトルが作る平行四辺形の面積の大きさに等しいとして定義される。回転運動では、物体と回転の中心を結ぶ線（位置ベクトル）と運動量ベクトルの外積で表される**運動量モーメント**と呼ぶ物理量で記述すると便利である。これが角運動量である。力に関しても、位置ベクトルと働く力のベクトルの双方に垂直な**力のモーメント**と呼ぶ量が定義できる。この力のモーメントによって角運動量が増加したり減少したりする。

角運動量保存則とは、力のモーメントがゼロである場合では角運動量は変化せず、一定のまま保存されるという基本法則である。力のモーメントがゼロになるのには二通りある。

まず、当然のことながら外力が働いていない場合で、外部とは切り離された孤立系では角運動量が保存される。角運動量は原点からの距離と運動量の積だから、それが一定の大きさであるとは、距離が短くなれば運動量（端的には速度）が大きくなり、逆に距離が長くなれば運動量（速度）が小さくなることを意味する。

その代表例は、フィギュアスケートのスピンである。両腕を広げて（腕までの距離を大きくして）ゆっくり回転しながら、おもむろに両腕を小さく折り畳むと（腕までの距離を小さくすると）速く回転するようになる（図３－４）。スピンは外力が働かない孤立系の角運動量保存則を利用しているのである。

他方、人工衛星は、空気との摩擦でゆっくり落ちてくる。その意味では外力（空気摩擦）で角運動量を少しずつ失っているのだが、通常ではその量はごく小さいので、長く人工衛星として運動し続けることになる。

人工衛星が少しずつ落ちる（地球からの距離が小さくなる）場合を考えてみよう。地球からの距離と回転する速さの積である角運動量保存則から、少し落下して地球からの距離が小さくなると回転する速さは大きくなる。つまり、人工衛星は落ちるに従って速く回転するようになるのだ。そのため空気との摩擦がいっそう激しくなって、瞬く間に燃え尽きるというわけである。

生卵とゆで卵を見分けるには、回転させればよいことが知られている。生卵の内部は流体

図3-4　角運動量保存則
腕を伸ばした状態から縮めた状態へ移ると、速くスピンするようになる

（正確には固体と液体の中間のコロイド状）であるのに対し、ゆで卵の内部は固体になっている。ゆで卵を回すと簡単に回転し始め、いつまでも続く。内部が固まっていて全体が一体となって回転するためである。

　これに対し、生卵はなかなか回転しないけれど、いったん回転を止めてもまた回り出すこともある。生卵は黄身が白身の中に浮いていて、卵を回しても黄身は簡単に回転し始めない。そのため始めは回りにくいのだ。やがて黄身と白身が一体となって回るようになる。そんな状態でいったん止めても、内部奥にある黄身は回転し続けるので、また回り出すことになる。角運動量保存則の言葉を使えば、ゆで卵は距離と運動量の積が一定の単純な構造になっているが、生卵は黄身と白身の部分の運動が異なり、角運動量の移動が伴っているので複雑な運動になるのである。

　力のモーメントがゼロになるもう一つの場合は、位置ベクトルと力のベクトルの方向が一致している場合である。このときのベクトル積はゼロになってしまう（ベクトル積の大きさは二つのベクトルで作られる平行四辺形の面積となることから、二つのベクトルが同じ方向を向いていると平行四辺形の面積はゼロになる）。その代表例は、重力のような働く力の方向と位置ベクトルとが（逆向きだが）平行になる場合で、これを**中心力場**という。中心力場では角運動量が保存されるのである。ほぼ太陽からの重力のみによって運動する惑星の運動の法則として**ケプラーの法則**が知られているが、角運動量保存則がそのまま現れていることは後述する。

ここで力のモーメントについて述べておこう。中心点からの距離（位置ベクトル）と力のベクトルの積で定義された量で、回転を起こす力のモーメントと呼ばれる。

天秤棒の場合、中央の支点からの距離と乗せた物の重さの積が力のモーメントで、秤は互いに反対側にあるのでそれぞれが右回りと左回りの運動を引き起こそうとし、モーメントが勝った方に傾いてしまう。距離を調節して二つの力のモーメントが等しくなったときに釣り合って静止する。このとき、支点からの距離の比が重さの比の逆数になっている。

第2章で述べたテコの原理は、力のモーメントそのものの利用である。支点からある距離の部分に力をかけるとモーメントが発生して回転させようとする。支点から反対側の部分はその回転に応じて動こうとする。力をかける部分を支点から遠くにとると弱い力をかけても大きなモーメントになり、反対側に大きな回転力を引き起こすことができるから、重い石でも持ち上げられるのである。

回転する座標系の慣性力——回るといろいろな力が生じる

一方向に加速したり減速したりする場合、その系に乗れば慣性を持っていることによって見かけの力である慣性力が発生することを述べた。回転する座標系では慣性力がより大きなスケールで展開する場合が多いので、法則と呼ばれていないがここで述べておきたい。

月は地球の周りを回転していて落ちてこない。これを外部の慣性系から見れば、月は地球からの万有引力を受けて落ち続けているだけである。ただ、地球への落下速度に垂直な方向

（横方向）の速度が大きいため、いくら落ちても地球にぶつかることがない（太陽の周りを回る地球などの惑星や地球の周りを回転する人生衛星も同じ事情である）。このように物体が回転運動をするときは、速度の大きさ（スピード）は変わらないが、速度の向きは刻々と変化している。その意味で回転運動は速度が変化する加速系であり、加速系（回転する座標系）に乗れば慣性力が働くことになる。

その慣性力の一つが**遠心力**である。月や人工衛星が地球に落下しないのは、地球からの万有引力に抗する遠心力が働き、それらが釣り合っているためと解釈している。そのため人工衛星内部では重力が働かない無重力状態になっている。遠心力は、回転の中心からの距離に反比例し、回転速度の二乗に比例して（だから、回転速度がゼロになれば遠心力も消えてしまう）、中心と物体を結ぶ位置ベクトルの方向で外向きに働く。

月や人工衛星のみならず、遠心力はさまざまのところで顔を出してくる。最も身近なのが自転車の操作である。自転車の速度がまだついていないとき倒れそうになる。そのとき、私たちは知らず知らずの間にハンドルを急角度に切る。これによって回転運動を作り出し、倒れそうになる向きと反対方向の遠心力を生み出して、バランスを保とうとしているのである。意識せざる遠心力の活用と言うべきだろう。

遊園地にあるジェットコースターは、くるりと一回りする。頭が下になることがあっても落下することがない。遠心力が重力より勝っているからだ。このとき、一〇円玉がポケットから飛び出したら、どのような運動をするだろうか。回転運動の方向の速度で飛び出し（慣性があるから)、遠心力(から重力を引いた)方向の外向きの力を受けて、斜め上向きに飛び出していくと考えられる。私たちはジェットコースターの硬い箱で囲まれているので飛び出さないのである。

では、新幹線の時速二五〇キロメートル、秒速約七〇メートルの速さで動く車両がジェットコースターになれば、どれくらいの高さまで昇れるだろうか。なんと半径が四八〇メートルにもなる。私たちはこれほど速い電車に乗っているのである。逆の例を言えば、半径一〇メートルのジェットコースターは秒速一〇メートル以上を出せば落ちることがなく、そんなに高速ではないのである。風を切って進むのを感じるから、非常な速さだと感じるのだろう。

地球は自転しており、その表面上の物体には遠心力が働いている。だから、回転軸からの距離に比例し、緯度に応じた回転角速度の二乗に比例した遠心力を受けている。赤道付近で最も大きく、北極(南極)では遠心力は働かない。地球が及ぼす万有引力(重力)と遠心力の差が実際にかかる重力の大きさ(有効重力)になるから、有効重力は赤道で最も小さく、北極(南極)で最も大きい。その差は二九〇分の一くらいである。だから、バネばかりを使って赤道で測った一キログラムの金は、北極で測ると三グラムちょっと重くなる(これで商売ができる?)。

地球の自転速度が一七倍も大きくなると、赤道での重力と遠心力は釣り合って有効重力がゼロになってしまう。言い換えれば、地上すれすれを運動する人工衛星の速さは自転速度の一七倍の、秒速で七・九キロメートルであればよいことがわかる。

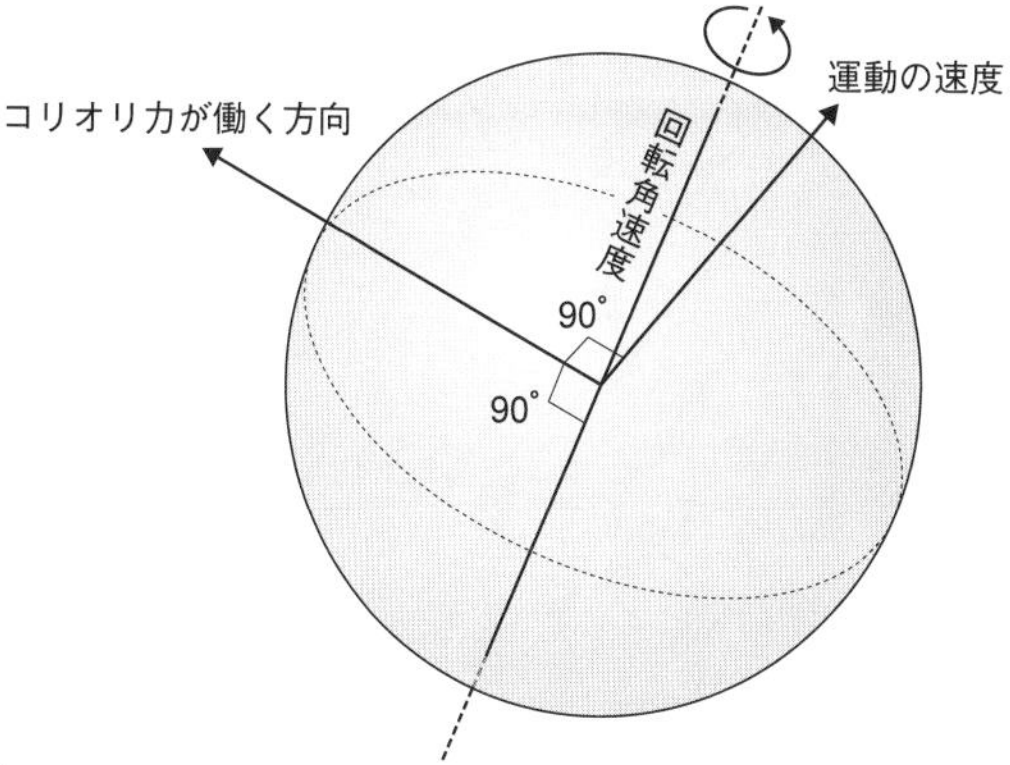

図3-5　コリオリカ
北半球では、運動の進行方向に対して左から右へと逸らせるように働く

回転する座標系に現れるもう一つの慣性力は**コリオリ力**である。これは、回転する座標系に対して動いている物体に現れる力で、その運動の速度と回転角速度（回転軸）の双方に垂直向きになる。地球は回転しているから、地球に対して運動する物体にはすべてコリオリ力が働く。その力の方向は、北半球では運動の進行方向に対して左から右へと逸らせるように働く（南半球では地球の回転角速度の向きが逆になるので、右から左に逸らせるように働く）（図3－5）。

例えば、低気圧の領域は気圧が低いために周囲から風が流れ込んでくる。その風に対し、北半球では左から右へのコリオリ力が働くために、流れの方向が左巻き（反時計回り）の渦のようになる（図3－6）。台風が左巻きであるのはコリオリ力のためである（南半球で発生するハリケーンは右巻きにな

図3-6　低気圧の渦が左巻きになるのはなぜ？
周囲から流れ込んでくる風に対して、北半球では左から右へのコリオリ力が働くため

る）。渦のように速く回転すると遠心力も働くので風は流れ込めなくなる。それが台風の目というわけだ。逆に、高気圧の場合は風の吹き出しが起こるので、北半球では右巻きになる。

こんな笑い話がある。一九八二年に南半球にあるフォークランド諸島（アルゼンチンではマルビナス諸島と呼ぶ）で、領有権を巡ってイギリスとアルゼンチンの間の戦争が起こった。イギリス軍は大砲で応戦したが一向に命中しなかった。なぜか？

北半球にあるイギリスの大砲は、飛び出す砲弾の進行方向に対してコリオリ力が働き、右の方にずれる。そこで弾道学の知見を駆使して、砲弾の軌道を修正するよう工夫し北半球の訓練では目標に命中させていた。ところが、その大砲を南半球にそのまま持っていったものだから、命中しなくなってしまった。

コリオリ力が反対方向に働くからだ。慌てて南半球で弾道が真っ直ぐになるよう改造して、ようやく戦争に勝利したというのだが、ウソかホントかは知らない。コリオリ力そのものは弱いが、砲弾を長距離にわたって飛ばすと数メートルの誤差になるのは事実である。

フランスのフーコーはコリオリ力を使った振り子を工夫して、地球が自転していることを目に見えるようにした。といっても、長さ六七メートルの振り子をぶら下げて振動させるだけなのだ。外部の慣性系から見ると、慣性運動で振り子は同じ平面を行き来している。しかし、例えば北極にいる人から見れば、自分は一日に一回転するから、振動する面も一日一回転しているように見える。地球という回転系に乗って見ると、振り子が振れる平面がゆっくりと回転して見えるのだ。これは、地球に対して動く振り子にコリオリ力が働いているためで、その回転方向は北半球では東・南・西・北の順（右巻きの時計回り）に変わっていく。

ケプラーの法則——第一法則はケプラー自身を悩ませた

ヨハネス・ケプラーが惑星の運動の規則性を記述した経験則で、師のティコ・ブラーエが長年にわたって集積したデータを整理するなかで発見したものである。三つの独立した法則から成り立ち、

第一法則：惑量は太陽を一つの焦点とする楕円《だえん》軌道を運行する、

第二法則：惑星と太陽を結ぶ線が単位時間に通過する面積は一定である、

第三法則：惑星の公転周期の二乗は太陽からの距離の三乗に比例する、

がその内容である。これらはどの惑星にも共通して成立するが、なぜそうなっているかについては、ニュートンが万有引力の法則と運動の法則を発見するまでわからなかった。その意味で現象論的法則とも言われる。

ケプラーは数秘術に凝り、惑星の軌道と数列や幾何学的形状（例えば、正多面体）との神秘的な関係を明らかにすることに没頭した。この三つの法則以外にいくつもの惑星運動に関する「法則」を「発見」しているが、それらは単なる願望やこじつけに過ぎず、成立しないことがわかっている。しかし、ケプラーがいち早く地動説の立場に立って現象を見直し、簡明な法則に到達し得たことは高く評価すべきだろう。

第一法則について、ケプラーは大いに悩んだことを記している。円軌道こそが最高で完全であるというアリストテレス流の考え方に則り、天動説宇宙は多数の円軌道の重ね合わせで惑星運動を説明しようとした。地動説を提唱したコペルニクスも円軌道のドグマから逃れられなかった。円軌道に固執する限り惑星の軌道は再現されないことを自らに納得させるまでに、ケプラーは幾多もの試行錯誤を繰り返さざるを得なかった。結局、楕円軌道に移ることによって、もつれた糸が簡単にほぐれたのである。

円軌道の呪縛に囚われていたのはガリレオも同様であった。彼は地動説を支持しながら円軌道を捨てることができず、終生ケプラーの楕円軌道に反対したのだった。

ガリレオはアリストテレスの自然学を否定しつつも、アリストテレスの偉大さを尊敬してもいたのである。ある日、彗星《すいせい》が現れ、その起源について論争が持ち上がった。ケプラーの

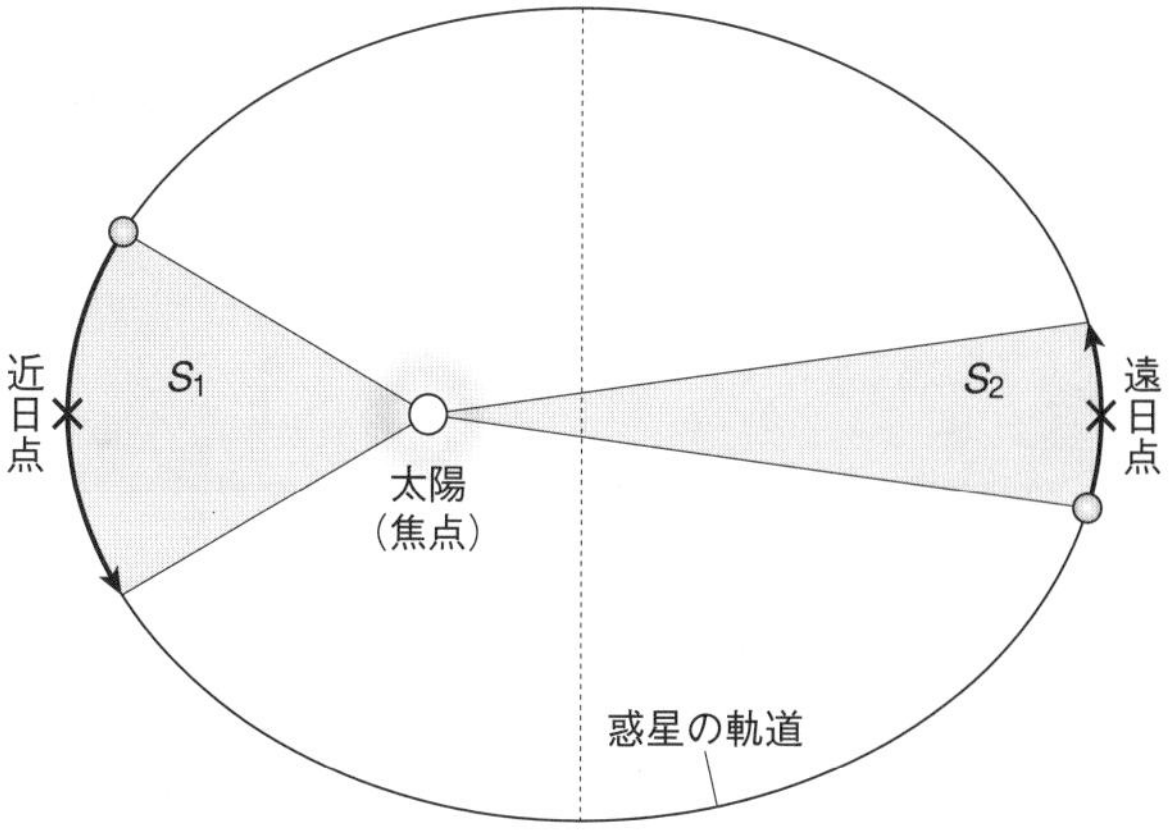

図３－７　ケプラーの第二法則
$S_1=S_2$となる（Sは面積速度）

立場では、彗星は月より上の世界の出来事で、大きな楕円軌道を描いて運動していることになる。それに対し、ガリレオは月より下の世界の現象に過ぎないと断じ、楕円軌道を認めなかった。その正邪は言うまでもない。科学における数学の重要性を指摘したガリレオであったが、数学を駆使しての解析に特に堪能であったわけではなかったのだ。

　第二法則と楕円軌道を結びつけると、次のように言い換えることもできる。「惑星が太陽に近い軌道（近日点）にあるときは速く動き、反対側の遠い軌道（遠日点）にあるときはゆっくり動く」と。これにより、惑星と太陽を結ぶ線が単位時間に掃く面積が同じになることになる（図３－７）。それで第二法則を「面積速度一定」と言うことが多いが、さてこれは何によって説明できるのだろうか。

角運動量保存則の説明のところで、角運動量は位置ベクトル（太陽と惑星を結ぶ線）と運動の速度ベクトルの外積であり、その大きさは二つのベクトルが作る平行四辺形の面積に等しい、と述べた。これはそのまま第二法則の言明に重ね合わせることができる。つまり、面積速度が一定という第二法則は角運動量保存則が成り立っていることを意味しているのである。その理由は、太陽から惑星にかかる力（重力）が位置ベクトルの方向と一致するため、力のモーメントがゼロであるからだ。

近日点と遠日点での惑星の動きに差があることが、私たちが使う暦に現れている。秋分から春分までの期間（近日点が含まれる）と、春分から秋分までの期間（遠日点が含まれる）は同じ六ヵ月ではなく、春分から秋分までのほうが七日分くらい長い。春分から秋分までは地球が太陽から遠い軌道をとる期間で角運動量保存則から地球はゆっくりと動き、秋分から春分までの期間は太陽に近く地球が速く動くためである。

第三法則は、ニュートンが万有引力を発見するのに重要な役割を果たしたことでよく知られている。

ケプラーの第二法則から、太陽が及ぼす万有引力が中心力場であることがわかる。すると、万有引力の場は距離rだけの関数になって、方向には依存しない。距離についてベキ乗（r^n）を仮定すると、第三法則を満たすためにはベキが$n=-2$でなければならない。こうして距離の二乗に反比例する万有引力の法則が導かれるのだ。

第三法則は万有引力で引き合っている天体の間で成立する法則だから、連星や他の惑星系にも適用できる。例えば、連星の中心星は観測できるが、他方の星がブラックホールか小さな惑星で観測できないとしよう。そんなとき、中心星の動き（他方の星からの万有引力で少し動くため）や明るさの変化（他方の星が中心星を遮って光を減らすため）から、周期を求めることができる。そこで第三法則を利用すると、見えない星までの距離を推測することが可能になる。中心星の質量まで正確に考慮すると、見えない星の質量の範囲も求められる（二つの星が運動している面と観測する視線方向の角度が正確に決定できないので不定性は残るが）。応用範囲は広いのである。

万有引力の法則——なぜ、距離の二乗に反比例するのか

質量を持つ二つの物体の間には、その距離の二乗に反比例し、各々の質量に比例する引力が働くという、ニュートンが発見した法則で、物質間に働く力を初めて定式化したものである。質量を持つすべての物体間に働く引力という意味で「万有引力」という名がついている。それまでは、力は物質が接している場合にしか働かない（**近接力**）と考えられていたのを、空間的に離れていても力を及ぼし合う（**遠隔力**）ことを提案したという意味で画期的であった。

最初ニュートンが提案したときは、一瞬にして無限にまで到達する魔法のような力と捉えられ、一種の魔術だとして信用されなかったようである。しかし、それ以後に発見された電

磁力も、空間的に離れた物質間に働くと考えられるようになった。

こうして、最初に月や惑星の運動など天上の物体間において発見され、やがて地上のリンゴの落下においても同じ力が働いているということを示したのが「ニュートンのリンゴ」の逸話である。天と地の力を統一したのだ。

万有引力のヒントを与えたのはケプラーであった。ケプラーは自らが発見した法則の由来は、太陽から磁力のようなものが働いていて、それは距離の二乗で減少していくような力であろうと漫然と考えていた。互いに力を及ぼし合うというのではなく、人が砲丸を振り回すように、太陽が惑星を（そして地球が月を）振り回すようなイメージである。

デカルトは近接力しか信じていなかったので、宇宙には大小さまざまな渦が満ちており、それらが接触するなかで力が及んでいくという別のアイデアを提案した。

万有引力の先取権について、ニュートンとロバート・フックとの間で論争があった。フックは太陽と惑星が力を及ぼし合っているというアイデアを発表していたのだが、それが距離の二乗に反比例するとまではっきり述べていない。しかし、ニュートンより先にこのアイデアを出したと主張したのだ。だから、ニュートンだけが突然万有引力を思いついたというわけではなく、それぞれが力の概念について考えを深めていたのだろう。

ニュートンは、ケプラーの第三法則を使って万有引力が距離の二乗に反比例することを証明しただけでなく、自らが考案した微積分を使って惑星の軌道を計算し、楕円軌道をとることや面積速度が一定となることを示し、ケプラーの三つの法則を過不足無く証明してみせた。さらにハレーは彗星の周期軌道を導出して、三〇年先の彗星の回帰を予想してニュートン力学の威力を見せつけた。それによって**ハレー彗星**と呼ばれるようになったのだが、この彗星は紀元前二四〇年頃から人々に目撃されていたものである。

ニュートンが一七世紀に人工衛星を予言していたことは瞠目《どうもく》に値する。石を空中に投げると、地球の重力（万有引力）のために、少し飛んで地球に落下する。もっと大きな速度で石を投げ出せば、もっと遠くへ飛ばすことができる。さらに、もっともっと大きな速度で投げ出すと、地球を一周して戻ってくるようになるだろう。それが人工衛星である。石は地球の重力で常に落ち続けているのだが、慣性として持っている横向きの（地球中心に対し垂直方向の）速度が大きいために、地球にぶつからないで飛び続けることができるのだ（回転する系に乗れば遠心力が働いて、重力と釣り合うと解釈できることは先に述べた）。

万有引力の法則はなぜ距離の二乗に反比例するのだろうか。一般には、物理学の法則において「なぜそのような式で表現できるのか」と問うことはタブーで、「そうなっているとすればすべてうまく説明できる」としか言いようがない場合が多い。万有引力の法則もそうなのだが、一つ重要なヒントがある。この空間が三次元であるということだ。

空間の一点に電球をおいて点灯させるとしよう。そのとき、距離がr離れた点の明るさは、距離の二乗に反比例して暗くなる。光が球対称に広がると、距離r離れたところでは面積が$4\pi r^2$に広がるから、単位面積にやってくる光の量は表面積（距離の二乗）の逆数に比例する。そこで、重力源からは力線の束のようなものが出ており、それが距離が大きくなる

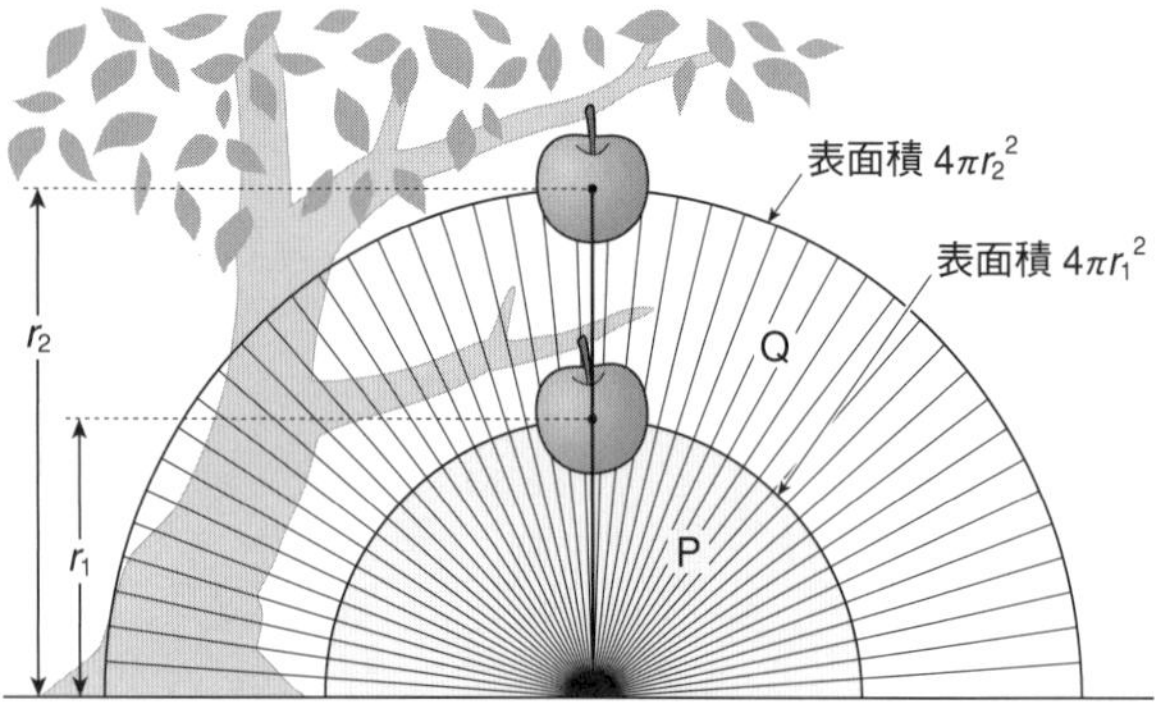

図3-8　球面を貫く重力「力線」の数

P、Qの表面積は、それぞれr_1^2、r_2^2に比例するから、単位面積当たりの力線の数はr^2に反比例する

につれて広がっていくと考えてみたらどうだろうか（図3－8）。距離 r の場所では表面積に逆比例するだけ力線の数が減るとすれば、力は距離の二乗に反比例することになる。これを**ガウスの法則**というが、私たちの空間が三次元であるために距離の二乗に反比例する（一般に、空間の次元マイナス一乗で反比例する）ことになる。

このことは、電荷が及ぼす力を表す**クーロンの法則**でもっと明らかになる。クーロンの法則も距離の二乗に反比例するが、それは電荷が発する電気力線の数と表面積の積が一定であることから求められる。電気力線は（磁力線と同じく）クーロンが導入したアイデアだが、空間の遠くに作用を及ぼす線として便利な概念として定着した。つまり、電気や磁気の源があり、その周辺の空間に電気力線や磁力線が広がっていて（それを**場**という）、各場所で電荷や磁気と相互作用するとすれば、遠隔力も近接作用として扱えることになる。重力もそれと同じと考えればよい、というわけである。

ニュートンの運動の法則——ボールも銀河も支配する

マクロな物質の運動を記述する法則で、ビー玉、野球のボール、人工衛星、月や惑星、そして銀河まで、日常において目にする物体はすべてこの法則に従っている。一六八七年にニュートンが著書『プリンキピア』において発表したもので、以来三〇〇年以上の間揺るぎなく成立していることが確認されている。

運動の法則は三つの法則から成り立っている。

第一法則は、ガリレオが発見した慣性の法則で、慣性系が存在することを主張しており、慣性系において次の二つの法則が成立することになる。

物体の運動を記述するためには基準となる座標系を設定しなければならず、それに慣性系を採用すべきことを述べており、力学体系を構成する基本原理とも言える。互いに等速度で動く二つの慣性系は、位置と速度のガリレオ変換（座標変換）で関係づけられるが、時間は互いに共通としている。これを**絶対時間**という。こう仮定することによって、運動はあらゆる慣性系において同等に記述できるという**ガリレオの相対性原理**を満たすことができる。

慣性の法則をより一般化したものがデカルトによって発見された運動量保存則で、外から力が働かない場合は運動量が一定のままであるという法則である。では、外から力が働く場合、運動量はどう変化するのだろうか。

第二法則は、物体の運動量の時間的変化は、作用した力に等しいとするものである。ここで言う力は、物体の運動量変化を引き起こす相互作用の強さを表し、例えば万有引力である。運動量は物体の質量に速度をかけた量であったから、その変化率として力が定義されるとも言える。一般に質量は（特殊な場合を除き）時間変化しないから、運動量変化は質量×加速度となり、力は質量と加速度の積に等しいということになる。これが**運動方程式**で、力が与えられれば物体の位置や速度の変化、つまり運動を決めることができる（逆に、運動がわかれば作用した力を定めることができる）。

これから**質量**を定義することができる。同じ大きさの力を二個の物体に作用させ、それによって得られた加速度の大きさを比較すれば質量の比が求められるからだ。どれか一つ基準となる質量を（例えば一グラムと）決めれば、他のすべての物体の質量は加速度の比の大きさとして決まることになる。これが**慣性質量**である（慣性質量は、二つの物体を衝突させ、運動量保存則を用いて、それぞれが得た速度の比から質量の比として求めることもできる）。

なぜ、このようなややこしい定義を述べるかといえば、第二法則は質量×加速度＝力だということを述べているのだが、これだけでは質量と力が未定義のままで使われているためである。そこで、力は運動量の変化率、質量は同じ力の下での加速度の比、として明確に定義したのである。

第三法則は、通常「作用・反作用の法則」と呼ばれており、二つの物体の間に働く相互作用は、その大きさが等しく、向きが反対で、二個の物体を結ぶ直線の方向にある、というものである。

例えば、机の上に物体を置くと、重力が作用して下向きの力が働く。それだけであれば、物体は机にめり込んでいくはずだが、そうはならない。それは机から物体に対し、同じ大きさで逆向き（上向き）の抗力が働き、その二つの力が釣り合っているから、物体は机の上に静止するのである。

先の慣性質量の定義には「同一の力の下」という条件を使ったが、作用・反作用の法則では同じ大きさの力が互いに逆向きに働くのだから、自然にこの条件を満たしている。したがって、相互作用する二つの物体の加速度の比が質量の逆比となることが簡単にわかる。

さて、物体の質量に速度の時間変化をかけたものが力に等しいという、ニュートンが打ち立てた運動方程式を解くためには、二つの**初期条件**、すなわち位置と速度が必要となる。

速度は位置について一回時間微分をとっており、運動方程式は速度についてさらに時間で微分した加速度で表されている。微分とは、ある物理量（ここでは位置や速度）が、その変数（ここでは時間）の微小変化に対し、どう変化するかを表す量である。方程式の解を求めるためには、微分の逆の操作である積分をしなければならない。変数（ここでは時間）が増加したとき、物理量（ここでは位置と速度）が実際にどれだけ変化するかを求めるのだ。運動方程式を積分すれば運動の軌跡が求められるが、どの軌跡をとるかは初期の位置と速度を与えなければならない。言い換えれば、初期条件を与えると完全に物体の運動を決めることができる。そのため**決定論**と言われる。とはいえ、決定論でありながら、解を完全に求めることが困難になる場合がある。三個の物体が万有引力で作用し合ったり、非線形（直線関係ではない）相互作用がある場合で、カオス（答えが確定しない状態）が引き起こされるのだ。

ニュートン力学を引用した文学作品として夏目漱石の『吾輩は猫である』が有名である。苦沙弥先生が隣家の落雲館の学生からダムダム弾（野球のボール）で攻撃を受けた場面で、それを観察していた猫は

ニュートンの運動律第一に曰くもし他の力を加うるにあらざれば、一度動き出したる物体は均一の速度を以て直線に動くものとす

と運動の第一法則を思い出した。そして、

もしこの律のみに因って物体の運動が支配せらるるならば主人の頭はこの時にイスキラスと運命を同じくしたであろう

と、第一法則だけしかなければダムダム弾が命中して、苦沙弥先生の頭はかち割られていたかもしれない。しかし、賢明な猫は

幸いにしてニュートンは第一則を定むると同時に第二則も製造してくれた

と見抜いたのである。それは

> 運動の第二則に曰く運動の変化は、加えられたる力に比例す、しかしてその力の働く直線の方向に於て起こるものとす

という内容で、これによってダムダム弾は重力によって落下するので苦沙弥先生の頭に当たらなかった、というわけである。漱石がニュートンの運動の法則をよく理解していたことがわかる。明治の文人は科学に強かったのだ。

エネルギー保存則――無からエネルギーは生み出せない

物体に力が作用して、ある距離を動かしたとき、力と、(力の方向に)動かした距離(変位)の積を**仕事**という。だから、変位と力の方向が直交している場合の仕事はゼロとなる。円運動をしているときの遠心力は、その力の方向(円に垂直方向)と運動(変位)の方向(円の接線方向)とが直角なので仕事をしないことになる。

そして、物体に働きかけてそこから仕事が取り出せるとき、その物体は**エネルギー**を持つという。つまり、エネルギーは外部に仕事をすることができる能力なのである。

例えば、ある速度で運動している物体は、他の物体にぶつかるとそれを動かすことができるから、運動物体はエネルギーを持っていることになる（**運動エネルギー**）。厳密にどれくらい運動エネルギーを持っているかを調べるためには、運動する物体に対して運動方向とは逆向きの力を加え、運動が止まるまでにどれくらい仕事が取り出せるかを計算すればよい。その結果、速度の二乗に比例することがわかった。

重力のように、物体に働く力がその物体の位置によって異なる場合があり、この力を受けて運動状態が変化する。高い場所にあった物体が低い場所に落ちると速度を得る。つまり、空間の場所が仕事を生み出すことができるから、空間がエネルギーを持つと考えることができる。これを**位置エネルギー**といい、単位質量当たりの位置エネルギーをポテンシャルと呼ぶ。そして、ある場所から別の場所に移るときの位置エネルギーの大きさが経路に関係せず、位置のみで決まっている場合を**保存力**という。このとき、位置Ａから位置Ｂへ移動した後に位置Ｂから位置Ａに戻ると、いかなる経路をとっても取り出せる仕事は差し引きゼロになる。

物体が保存力の作用で運動するとき、物体の運動エネルギーと位置エネルギーの総和はいつも一定であることがニュートンの運動方程式から導かれ、これを**（力学的）エネルギー保存則**という。力学運動に関わるエネルギーだけを問題にしているので、力学的という修飾語が付いている。重力が働いている場では、物体が落下すると、落下によって減少した位置エネルギー分だけ運動エネルギーが増加しており、全エネルギーは変わらないのだ。

まず最初に以上のような力学的エネルギー保存則が確立されたが、より微視的に、かつより一般的に拡張されて、エネルギー保存則の中身は豊かになっていった。「より微視的に」とは、例えばモーターの回転運動が持つ運動エネルギーに、モーターの軸部分で受ける摩擦や空気の粘性も考慮するということである。これによってモーターの見かけの回転の運動エネルギーは減少するが、摩擦熱や空気の熱運動に移行したエネルギーも含めれば、運動エネルギー全体の総量は変化しないことを意味する。

では「より一般的に」とはどういうことか。力学的なエネルギーだけでなく、流体なら圧力（熱エネルギー）を考慮しなければならず、電気や磁気の作用があると電磁場のエネルギーを取り入れる必要がある。それらは外部に仕事をすることができるから、エネルギー要素として含めねばならない。さらに、物体が分裂したり合体したりして内部状態が変化（物理的、化学的変化）した結果、作用を及ぼす場合もある。それらすべてを考慮すれば、エネルギーは全体として保存される（一定である）というふうに一般化されたのだ。単純に言えば、エネルギーはさまざまに形態を変えるけれど、総量は変わらず、「無からエネルギーは生み出せない」のである。

中世以来、第一種永久機関が長く追究された（第二種永久機関については後に述べる）。外部からエネルギーを加えなくとも永久に動ける機関、さらにはエネルギーを加えないのに永久に仕事をし続けてくれる機関の発明を競ったのだ。これらエネルギー保存則を満たさない機関を第一種永久機関という。その中には実に巧妙なものがある。一見するだけではカラクリが見抜けないもの、磁石の力を利用してごまかそうとするもの、隠れた部分で外部のエネルギーを取り入れているものなどで、実にさまざまな工夫がなされた。結局、エネルギー保存則が発見されて、第一種永久機関は存在しないことが明らかになった。実現不可能なものに挑戦したという意味では空しい苦労ではあったが、近代物理学の前史として貴重であったと言えるかもしれない。

エネルギーがその存在形態を次々に変える様子をたどってみよう。

太陽からの日照によって地球の気温が上がり、海水は蒸発して水蒸気になって上空へ昇る。この間、太陽の熱エネルギー→空気の熱エネルギー→海水に吸収されて水蒸気に変わる→水蒸気は上空に昇って位置エネルギーを稼ぐ、という過程が続いている。

上空に昇った水蒸気は雨や雪になる。このとき、水蒸気の熱（内部）エネルギーを宇宙空間に捨てている。雨や雪は地上に落下するが、一部は山の上のダムに貯められ（位置エネルギーを持つ）、それを一気に落下させて水の運動エネルギーに変える。水の運動エネルギーによって発電タービンを回して電気エネルギーに変え、それによって電灯を点け（光エネルギー）、冷蔵庫やエアコンのモーターを回し（運動エネルギー）、テレビやラジオ放送を行い（電波のエネルギー）、ヒーターを加熱し（熱エネルギー）、リニアモーターを動かす（磁気エネルギー）という具合である。むろん、この間には摩擦や粘性や電気抵抗で熱エネルギーとなって散逸している。このように、エネルギーは次々と形を変えながらも、散逸したエネルギーまで含めれば全体としては一定なのである。

忘れてはならないのは、太陽の光エネルギーを受けて植物が光合成を行い、デンプン（食糧）の形で化学エネルギーとして定着させていることである。そのデンプンから熱エネルギーを取り出して私たちが生きることができ、石油や石炭のエネルギーとして利用しているのだ。その意味では、私たちを支えているエネルギーの源泉は太陽と植物ということができる（例外は、原子力発電）。エネルギー保存則を考えるということは、私たちの生き様を考えることに他ならない。

フックの法則——バネから、音や電気まで

バネやゴムのようなものを考えると、それに力が働いていない状態（原点）から少しだけずらす（伸ばすか縮める）と、ずれた量に比例した力で元に戻ろうとする、という法則である。

バネを引っ張って伸ばしたとき、ズレの大きさ x に比例して元に戻ろうとする力が働いてズレを小さくし、元の場所（原点）に戻ったとき力はゼロになる。ところが、バネには慣性がついているから原点を通り過ぎ逆に縮んでいく。縮むと、また元に戻そうとする力が働いて引き伸ばそうとする。この繰り返しで、バネは**単振動**（ズレの大きさが時間について正弦関数 sin または余弦関数 cos で表される）をする。物質の最も単純で原初的な運動である。

振り子を考えてみよう。振り子は重力が働く方向にあるとき止まっており、そこにわずかなズレを与える（少し振らせる）と単純な往復運動をするようになる。ズレによって、振り

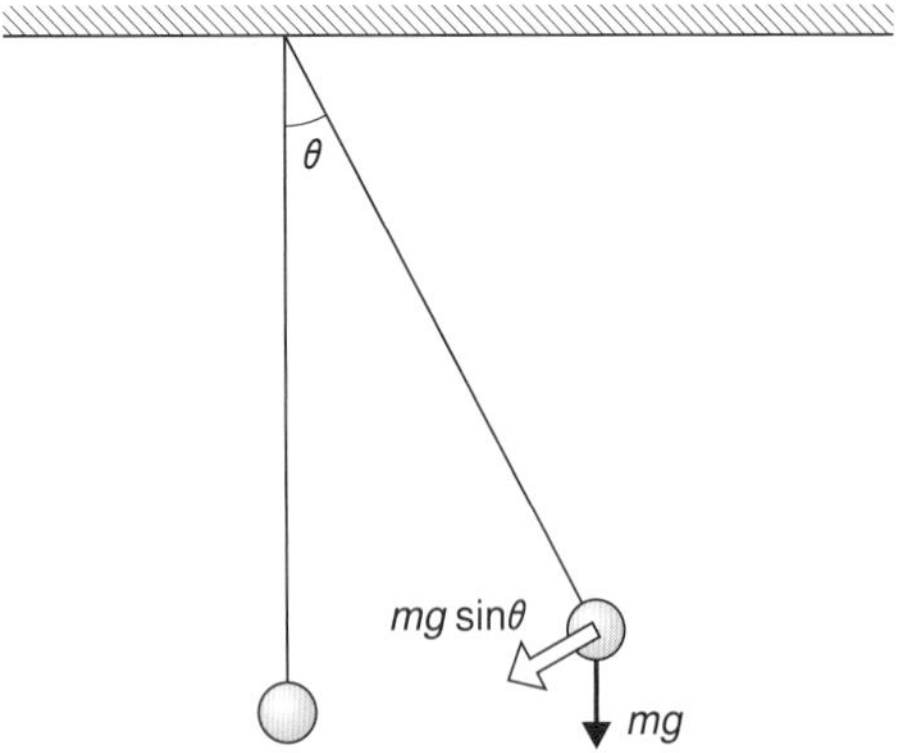

図3－9　振り子の運動

重力をmgとすると、左向きの力は$F=mg\sin\theta$と表せる。θが小さいときは、$\sin\theta \fallingdotseq \theta$となるので、$F=mg\theta$と表せる

子が揺れる方向への重力の成分が生じ、その大きさがズレの角度θに比例するのだ。右に振れると左向きの力、左に振れると右向きの力となっており、形式的にはフックの法則と同じ力の形となって単振動するのである。この往復運動がsinまたはcosで表せるのだ（図3－9）。

音は弦《げん》や気体の振動によって生じ、電波の発信や受信は電気振動で起こる。固体の熱的性質は、結晶を構成する微粒子が行う熱運動の格子点近くでの振動として理解できる。このように、平衡点（力が働かない状態）からの小さなズレによって、そのズレに比例した平衡点に引き戻そうとする力が働く場合、すべて単振動になる。従って、フックの法則は、もともとバネの運動で提唱されたが、一般的な単振動について共通する基本式ということができる。単振動を**調和振動**、振動する質点を**調和振動子**ともいう。

フックの法則では、平衡点に引き戻そうとする力が働くから、その運動は最終的に（摩擦などによって）平衡点に戻る。これを**ネガティブ・フィードバック**といい、平衡点周辺を単振動しつつ平衡点に収束していくから系は安定である。これに対し、力の向きが逆になって平衡点から遠ざかる方向に力が働く場合、系は平衡点からどんどんずれていくから不安定となる。これが**ポジティブ・フィードバック**である。

空気の抵抗やバネの摩擦などによって振動の振幅が小さくなり、やがて平衡点に戻ってしまう場合を**減衰振動**という。抵抗や摩擦によって振動のエネルギーが失われていく現象である。振り子時計が止まるのはこのためだ。そこで振動エネルギーを供給するため、ゼンマイが伸びて元に戻ろうとする力で振動を励起《れいき》したり（ゼンマイ時計）、電池からの電流で振動を継続させたり（水晶時計）している。

単振動する物体に外から時間的に変動する強制力を加える場合に思いがけないことが生じる。例えば、振り子に対し、振動方向に周期的に小さな力を加えてみよう。振り子が一番下に来たときに、振れている方向にちょっと突っつくのである。これによって振り子がより大きく振れるようにできる。単振動の往復する周期と外部から加える力の周期が一致（同期）する場合を、**共振**または**共鳴**という。知恩院の大きな釣り鐘を小指で周期的に突っつくだけで、大きく揺らせることだってできるのだ（図3－10）。突っつく周期と釣り鐘が振れる周期が一致すれば共鳴状態になって、外から加える力が吸収され、積み重なって振動のエネルギーが増大していくのである。

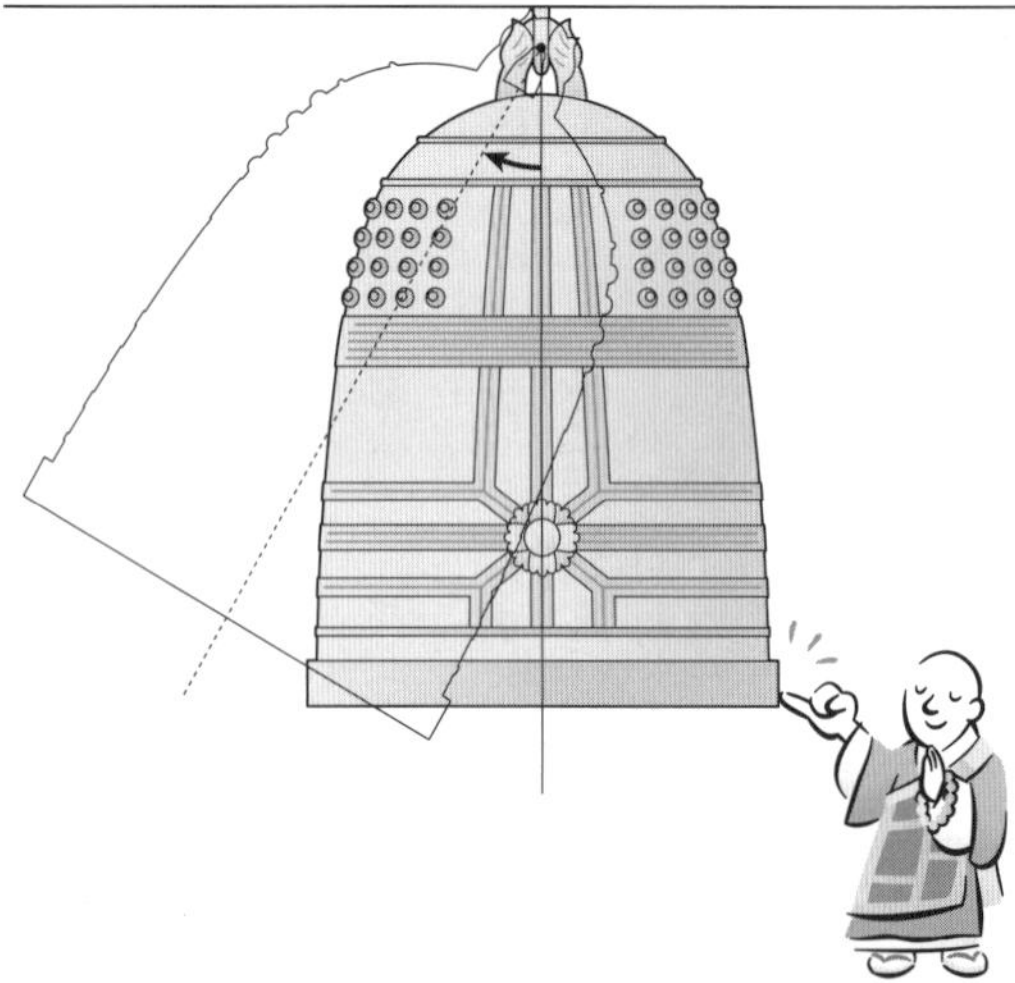

図3-10　共振（共鳴）
知恩院の釣り鐘を小指で突っつくと、そのエネルギーが吸収され、振動のエネルギーが増大する

一つの振り子と見ることができるブランコの場合を考えてみよう。ブランコの揺れる方向に対し、ブランコに乗っている子どもの背中を周期的に押すと揺れは大きくなる。これは釣り鐘と同じで、外部からの強制力が共鳴している場合である。ところが、外部から力を加えず、ブランコに乗った子どもがブランコの動きに合わせて体を上下するだけで、ブランコは大きく揺れるようにできる。このとき、体を上下する運動はブランコの綱の方向であって、ブランコが揺れる方向（横方向）ではないから、ブランコには仕事をしていないように見える。にもかか

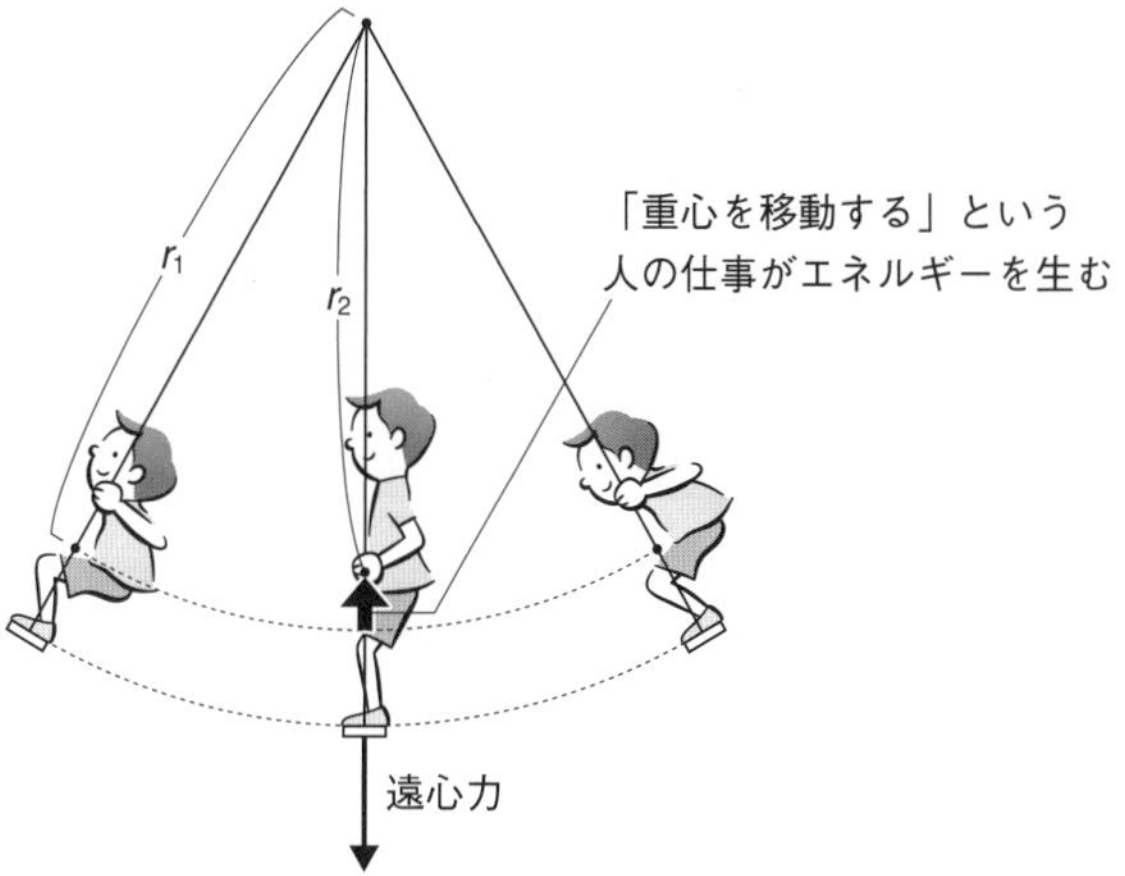
「重心を移動する」という
人の仕事がエネルギーを生む
r_1
r_2
遠心力

角運動量保存則によると
$mr_1v_1 = mr_2v_2$
r_2が小さくなった分だけ
v_2が大きくなる（mは人の重量）

図３−11　ブランコでなぜ立ち上がるか

わらず、ブランコの揺れが大きくなるのである。なぜだろうか。

　どのように体を動かしているか思い出してみよう。ブランコが揺れて振動の向きが変わって引き返すときしゃがみ、真ん中でスピードがついたとき立ち上がっているだろう（図３－11）。これは重心の位置の移動、つまり振り子の長さを変えていることになる。一番下に来たとき、ブランコは速く揺れ、遠心力が外向きに働いている。その力に逆らって重心を上げるのだから、子どもは仕事をしていることになる。そのエネルギーがブランコの揺れを大きくしているのである（ブランコが揺れる方向を変えるとき速度はゼロになっているから、重心を動かしても仕事をしない）。子どもたちは理由はわからないが、体で覚えているのだ。

このような、振り子（ブランコ）の長さを周期的に変えて振幅を大きくするような場合を**パラメーター励起**という。このとき、体を上下する周期（ブランコの長さを変える周期）は振り子の（固有）振動の周期の半分になっている（ブランコが一回往復運動する間に、体の上下運動を二回行っている）のがパラメーター励起の特徴である。

もともとのフックの法則から外れていったが、振り子やバネの基準の振動があることが共鳴やパラメーター励起を引き起こすことになっているという意味で、フックの法則が振動現象の基本となっていることがわかるだろう。

ベルヌーイの法則（定理）——野球のフォークは自由落下

液体や気体の流れを考え、その速度が時間的に変化しないとしよう。これを**定常流**という。その流れの場で、一つの曲線上のすべての点における流れの接線の方向が、その点の流れの速度の方向と一致するとき、この曲線を**流線**と呼ぶ。流線は互いに交わらない。色のついた液体を流したときに広がっていく流路として流線を見ることができる。

流れの中に一つの閉じた曲線をとり、その面内のすべての点を通る流線の群が**流管**である。流管の一つの断面を通じて流れ入る質量は他の断面から流れ出す質量に等しい（図3－12）。これを**質量保存則**（または**連続の式**）という。流体の密度と速度と断面積をかけたも

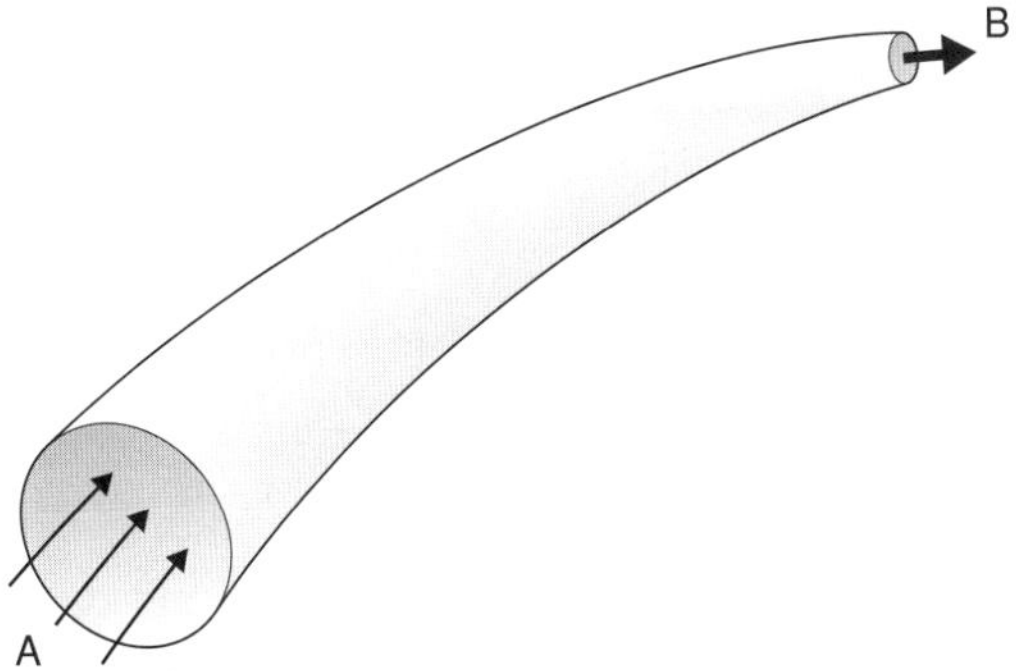

図3-12　流管の質量保存則
Aから流れ入る質量はBから流れ出す質量に等しい

のである。これは流体に関する最も基本的な関係だが、粘性が無視できる流体（**完全流体**または**理想流体**と呼ぶ）について、もう一つ重要な関係式が導かれる。それが**ベルヌーイの法則（定理）**で、一つの流線に沿うすべての点において、流体の圧力（静圧）と運動エネルギー（動圧）と位置エネルギー（重力場にある場合）を足し上げた量は一定、という法則である。流体に関するエネルギー保存則である。

ベルヌーイの法則によって説明できる現象は多岐にわたっている。最も単純なのが、水槽に水が入っており、その底に穴が開いていて水が漏れ出している場合である。そのときの水が流出する速さは、水の高さの平方根に比例することがベルヌーイの法則から導かれる。水分子の位置エネルギーが流出する水の運動エネルギーと等しくなるのだ。水が多ければ流出速度は速く、少なければ遅いことは誰でも知っている。

昔、水槽に溜めた水が流出する量で時間を測っていたが（水時計）、一つの水槽だけでは水の高さによって流れ出す量が異なり、正確な時間が測れなかった。そこで、いくつもの水槽をつなぎ、最後の水槽の水の高さが常に一定になるようにして、その流出量から時間を正確に測れるよう工夫した。他方、砂時計の場合は、残っている砂の量に無関係に常に一定の速さで落ちるから、時間を測るのに適している。

野球のボールが、横向きにカーブしたりシュートしたりし、縦向きにフォークが投げられるのもベルヌーイの法則が働いているためである。これは**マグヌス効果**とも呼ばれる。一九世紀のドイツの科学者であるマグヌスが、回転する球や円柱に流れが当たると、その直角方向に力を受けることを見出したためである。

回転するボールが空気中を運動するとしよう。ボールが静止した系で見ると、ボールに一様な流れが通り過ぎているように見える。このとき、ボールが回転する方向と流れの方向が平行な部分と逆平行になる部分がある（図3－13）。ボールの表面は少し空気を引きずっているので、平行な部分は流速が大きくなり、逆平行の部分は小さくなる。ベルヌーイの法則によれば、流線に沿って圧力と運動エネルギー（流速の二乗に比例する）の和が一定だから、流速が大きい部分は圧力が小さく、流速が小さい部分は圧力が大きくなる。この圧力差によってボールに力が働き、ボールの進行方向が変わるというわけである。

ボールに水平方向の回転を与えると横向きの力が働き、図3－13のように上から見て右向き（時計と同じ）に回っている場合は、右打者に近づくように曲がり（右投手のシュー

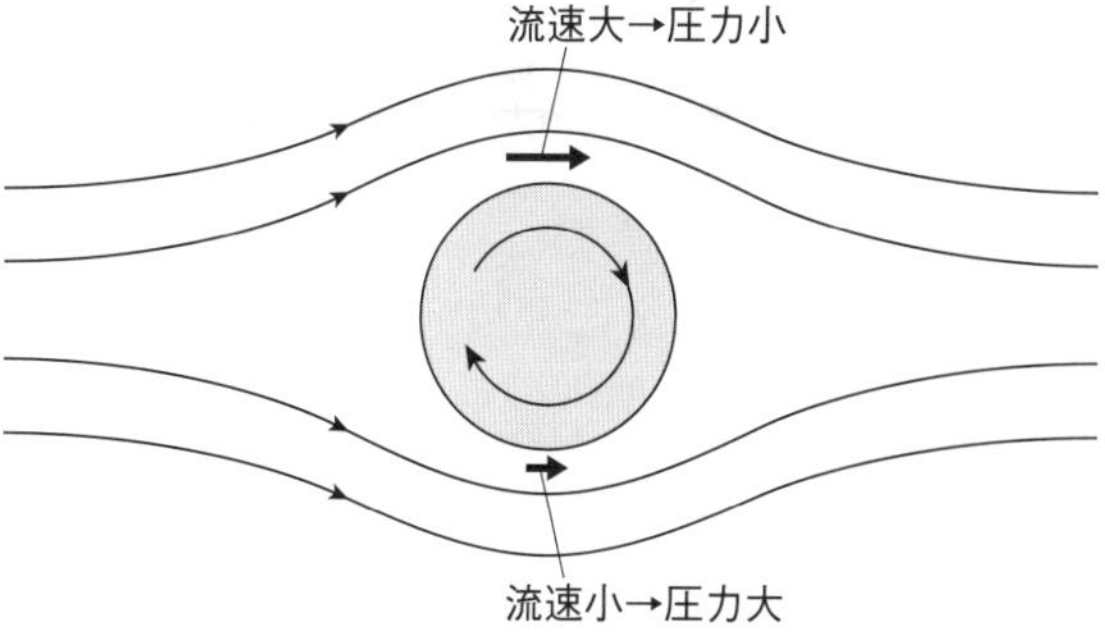

図３-13　ボールの進行方向が変わるしくみ
流速の違いが圧力の違いを生み、圧力差によってボールに力が働く

ト)、逆の左向き回転の場合は右打者に遠ざかるように曲がる（右投手のカーブ)。ボールに垂直方向(重力の方向）の回転を与えると縦向きで、進行方向に向かって回っている場合にボールの上面は流れと回転方向が逆平行になり下面は平行になるから、上から下への力が働き（落ちる球)、逆方向に回転している場合は下から上への力が働く（ホップする球)。スライダーは斜め向きの回転で、縦横双方の曲がりになる。

ところが高速写真で調べると、実際のところは、そんなに顕著な曲がり効果はなく、私たちの思い込みによって過大に曲がっていると錯覚しているらしい。さらに意外なのはフォークで、ボールに回転を与えていないためにマグヌス効果を受けず、自然落下しているだけらしい。

飛行機の翼が**流線形**になっているのは、ベルヌーイの法則が考慮されているためである。飛行機が前方へ進むと（飛行機の系から見れば、一様な空気の流れの中にある)、翼の上面は流線形のため膨らんでおり行路が長くなり、その分流れが加速されて速くなる。それに対し、翼の下面はほぼ真っ直ぐで流速は変わらず、それによる圧力差が翼の下から上に働くので、飛行機の揚力となる。飛行機は前へ進み続けることで浮き上がっていると言える。ヨットの帆が翼と同じ形となって遠心力(揚力)が働くことは八九ページで見た。

空気の流れがさまざまな力を及ぼすことが、私たちの周囲に多く観察され、ベルヌーイの法則によって解釈できる。注意して調べてみれば多くの発見があるだろう。

熱力学の法則——宇宙の秩序はなぜ崩壊しないのか

物質(主として気体や液体)の温度や圧力や熱という言葉は日常に馴染《なじ》み深く、さまざまな現象に関連している。それらの現象のなかに潜む統一的な法則(個々の物質にはよらない一般的な法則)を明らかにしようというのが**熱力学**で、温度とか圧力というようなマクロな物理量の関係を扱っている。それが熱力学の法則で、いわば経験則(現象論的法則)である。

一九世紀に入って、物質が多数の原子の集合体であることが明らかになるにつれ、マクロな物理量が原子(ミクロ)の世界とどう関わっているかの研究が進み、熱力学の法則の分子論による本質的な理解が進むことになった。

熱力学の最も基本的な概念は**熱平衡**である。温度が異なった二つの物体を接触させると、高温の物体は冷え、低温の物体は温まり、やがて同じ温度になる。このとき二つの物体は熱平衡にあるという。経験によれば、物体AとBが熱平衡にあり、物体AとCとも熱平衡にあれば、物体BとCもまた熱平衡である、ということが成り立っている。当たり前のようだが、自明のことではなく自然法則の一つである。これを**熱力学第ゼロ法則**という。この法則によって、互いに熱平衡にある二つの物体に共通する物理量として温度を定義することができる。

温度が異なる物質を接触させると、マクロな意味での力学的な仕事をすることなく高温部から低温部へエネルギーが輸送される。このエネルギーを熱量と呼び、この熱量を含めたエネルギー保存則を**熱力学第一法則**という。温度や圧力が決まった状態にある物質が持っているエネルギーを**内部エネルギー**と呼び、それは通常温度だけで決まっている。それとともに、圧力は膨張しようとして外部に仕事をする。熱力学第一法則は、外部から吸収した熱量は、内部エネルギーの増加分と体積が行った仕事（圧力による膨張）の和に等しいことを述べている（系全体としての運動エネルギーや外力による位置エネルギーは含めていない）。

エネルギー保存則（熱力学第一法則）を満たしているからといって、すべての熱的な現象が実現できるわけではない。

例えば、高温のガスと低温のガスがあって接触させる場合、それらは必ず中間の温度の一様なガスとなる。低温ガスから熱エネルギーが流れ出てより低温になり、高温ガスに流入してより高温になるというようなことは起こらない。また、いったん中間の温度の一様なガスとなってしまうと、始めの状態のような高温ガスと低温ガスに分かれることはない。いずれもエネルギーは保存していても、実現されないのである。これらを**不可逆過程**と呼ぶ。

この事実を自然法則として述べたのが**熱力学の第二法則**で、単純に言えば自然界に生ずる熱的現象はすべて不可逆過程である、という言明である。そのことを見やすくするために**エントロピー**という物理量が導入された。ある熱的過程において移動した熱量を温度で割った量で定義され、不可逆過程ではエントロピーは必ず増加することになる。自然はエントロピーが増加する方向に進むのである。そのため、熱力学第二法則を**エントロピー増大則**ともいう。エネルギーは保存していても、エントロピーが減少するような過程は、自然には生じないということなのだ。

以上は、温度・圧力・エントロピーなどマクロな量の間の関係で、経験によって得られた法則である。その物理的な理由を知るためには、物質が微粒子（原子、分子、イオン、電子など）の集合体であるという分子論的なミクロの立場で解析しなければならない。

物質を構成する微粒子は、それぞれ無秩序な運動をしており、これを**熱運動**という。温度が高い物質の微粒子の熱運動は激しく、温度が低いと緩やかである。逆に言えば、物質の温度は微粒子の熱運動の激しさを表しており、それは微粒子全体で平均した運動エネルギーである。すると、平均の運動エネルギーがゼロになる状態を温度の原点とし、そこから運動エネルギーの大きさに比例した温度目盛を定義することができる。それが**絶対温度（熱力学的温度）**である。

また、圧力は、微粒子が互いに衝突するときの運動量の移動の大きさで、やはり熱運動の激しさで決まっている。従って、熱力学第一法則は、流入した熱量が、微粒子の熱運動のエネルギーに転化し、それが内部エネルギーと圧力に分配され、全体として保存されることを表現しているのである。

一方、第二法則は熱的現象の不可逆過程が何であるかを考える必要がある。物質の微視的粒子には規則的な運動（秩序）と不規則な運動（無秩序）があり、不規則さを測る量（無秩序度）としてエントロピーを導入したい。

そこで不規則さを測る目安として、ある一つの状態において不規則な状態が実現される確率に依存した物理量としてみよう。そうして定義したエントロピーは不規則な（無秩序な）状態の実現確率の対数とすればよいことがわかった。そうすると当然、熱的現象は実現確率の高い状態（＝エントロピーの高い状態）が現れやすく、実現確率の低い状態が現れることはほとんどない。これが不可逆過程の原因なのである。

エントロピーの概念は一般には理解しにくいので敬遠されるが、大ざっぱには系の無秩序度を測る目安だと考えておけば十分だろう。コップ一杯の水とインクの一滴がある。各々は純粋な状態にあるので秩序度は高い。インクをコップの水に垂らすと、インクの分子は拡散によって広がっていく。インクと水の分子が混じり合うので、無秩序度が増えていく。不規則な状態の実現確率が増えていくから、エントロピーは増大するのである。このように自然界は、エントロピーが増えていく方向へ進むのだ。

これをそのまま適用して、宇宙の秩序（銀河や星という構造が存在する状態）はやがて壊れてしまう、と考えられたことがあった。宇宙の物質のエントロピーが増えるためである。しかし、宇宙では今もなお星が誕生しており、秩序が生まれている。なぜなのだろうか。

実は、エントロピーが増えるのは閉じた系全体のことであり、部分系ではエントロピーが減少することもあるということを考えなければならない。星が誕生するとき雲の内部では重力が強く働いて、よりぎっしり内部に物質を詰め込むので秩序度が上がり、局所的にはエントロピーは減少する。しかし、それを取り巻く領域にその分としてだけエントロピーを放出しているから、内部とそれを取り巻く領域を全体として考えれば、エントロピーは増大しているのだ。

このように、局所的にエントロピーを減少させて秩序を形成し、全体系ではエントロピーが増大するということは、往々にして起こっていることである。さらに宇宙は膨張しており、体積が増える分だけエントロピーの密度（単位体積当たりのエントロピー）を下げているので、宇宙の秩序は豊かになることはあっても、秩序が崩壊することはないと言える。

絶対温度がゼロ度では微粒子の熱運動そのものがなく、それによる無秩序も存在しない。言い換えると、絶対ゼロ度は完全な秩序状態にあって、すべての微粒子は同じ状態にあるので物質のとりうるミクロな状態は一つしかないことになる。そのため、エントロピーはゼロとなってしまう。この絶対ゼロ度ではエントロピーがゼロになることを**熱力学第三法則**ということもある。

第二種永久機関とは、熱力学第二法則に違反するような熱機関である。例えば、温度の低い海水から熱エネルギーを汲み出し、その熱を利用して温度の高い発動機を動かすということは不可能であることを述べている。低温の水からエネルギーを得て、高温の湯をさらに高温にする、なんてことは起こり得ない。この過程はエネルギー保存則を満たしているが、エントロピー増大則に違反しているのである。

プランクの法則——波長が短いと、光は粒子的に振る舞う

すべての波長の放射（光）を吸収する仮想的な物体を**黒体**という。黒いとは光をすべて吸収することを意味する。むろん、黒体は光を吸収するだけではなく、ある波長分布の光を放射する。これを**黒体放射**と呼ぶ。放射しないと、光が持ち込むエネルギーによってどんどん温度が高くなってしまうからだ。つまり、黒体では吸収するエネルギーと放射するエネルギーが釣り合っている。熱平衡状態になるのだ。その状態は絶対温度だけで決まる。以上のようなことは一九世紀終わり頃にわかっていた。

それは実用上において重要な知識であった。当時勃興し始めていた鉄鋼産業において、溶鉱炉の中の温度を推定する必要があったからだ。鉄鉱石の融解過程を制御するためである。溶鉱炉内部は一〇〇〇度を超すから通常の温度計は使えない。しかし、溶鉱炉内部はほぼ熱平衡状態だから、黒体として近似できる。そこで炉内部の温度を見積もるために使われていた方法は、溶鉱炉の側面に小さな窓を取り付け、そこから溶鉱炉内部を満たしている光の波

長と強度の関係（これをスペクトル、あるいは波長分布という）を測定するのである。そうして得られたスペクトルと経験的に得られている黒体放射のスペクトルとを比較して温度を決定するのである。では、黒体放射される光の波長分布はいかなるもので、温度の関数としてどのように表されるのだろうか。

これについては、まず波長の長い（エネルギーの低い）光の領域で、光の強度は振動数の二乗と温度とに比例するという関係が導かれた。これを**レーリー＝ジーンズの公式**という。ところが、波長の短い（エネルギーの高い）光の領域では、急速に強度が低下する。これを近似的に表現したのが**ウィーンの公式**で振動数と温度の逆数が指数関数の肩に現れるのだ。光を発する気体の速度分布が指数関数となることを考慮したためである。では、二つの公式の間をつなぐ関係はどうなっているのだろうか。

熱力学を研究していたプランクは、レーリー＝ジーンズの公式とウィーンの公式をつなぐ一つの公式を考案した。それは、長波長側ではレーリー＝ジーンズの公式を再現し、短波長側ではウィーンの公式にうまくフィットするように工夫されている。これを**プランクの法則**（あるいは**プランク分布**）という。当初は、その公式の理由がわからず、数式として都合が良いということに留まっていた。

物理的意味を深く考えたプランクは、波長の短い領域では光のエネルギーは、波長の逆数である振動数にある定数をかけたエネルギーを単位として（これを**量子**という）振る舞うと仮定すればよい、ということに気がついた。光のエネルギーは各振動数についていくらでも増やせるのではなく、一つ二つと数えられる量子としてしか増やせないと仮定したのだ。
そうすると、振動数の大きい（エネルギーの高い）光になると量子の個数が制限されることになり、強度が下がることが理解できる。こうして光がつぶつぶの粒子のように振る舞うという解釈から量子論が開けることになった（プランク自身は長い間、この解釈は間に合わせ（アドホック）のものと考えていた）。ここに登場したエネルギーの単位を決める定数が**プランク定数**で、原子や分子や電子や光などの微粒子の量子世界を特徴づける重要な定数である。

では、なぜ振動数の大きい（波長の短い）領域で量子論効果が現れるのだろうか。
光の波長が短いということは、小さい領域にエネルギーが集中していることを意味し、粒子的な運動をすることが期待される。そのために一つ二つと数えられるような量子的な運動が浮き立ってくると考えられる。これに対し、振動数の小さい（波長の長い）領域では、エネルギーが波のように広がっており、つぶつぶの性質が希薄になり古典的波動イメージが成立するのである。

プランクの公式は、当初は単に放射の全エネルギー領域の強度をうまく再現する便利な公式としてしか認識されなかった。光が波動であるという一九世紀以来の根強い信念があって、粒子的な描像が受け入れられなかったのだ。それに異議を唱えたのがアインシュタインで、光が粒子的に振る舞うという仮定の下で**光電効果**を解析し、見事に実験結果を説明することに成功したのである。

光電効果とは、セレンのような金属に光を当てると電子が飛び出してくる現象で、光を振動数に比例するエネルギー（その比例係数がプランク定数）を持つ粒子のように考え、それが固体内の電子に衝突してエネルギーを与えるために飛び出してくることができるとした。振動数が小さいと個々の光粒子のエネルギーが小さいために、いくら光粒子の数を増やしても（光の強度を強めても）個々の光粒子から電子に渡されるエネルギーが小さいので電子は飛び出してこない。逆に、振動数が大きいと個々の光粒子のエネルギーが大きいから、いくら弱い光でも（光の強度は弱くても）電子は飛び出してくる。光を波と考える限りでは説明が困難であった光電効果をうまく説明することができたのだ。

このような証拠が積み重ねられて、量子仮説が人々に受け入れられるようになった。特に重要なのは一九一一年に開催された第一回ソルベー会議で、マリー・キュリー、ネルンスト、アインシュタイン、プランク、ポアンカレ、ウィーン、ラザフォードなど、錚々たる物理学者が一堂に集まって「放射理論と量子」について議論し、光を量子として捉えるべきことが合意されたのである。量子論建設の第一歩が踏み出されたのだ。

その意味で、プランクの法則が果たした役割は大きく、プランクは量子論の父と呼ばれるのにふさわしい。とはいえ、古典物理学にどっぷりと浸かって成長してきたプランク自身は、なかなか自らの仕事の革命的な意味が認められなかったそうである。

アインシュタインが特殊相対性理論より導き出した、エネルギーと質量は等価であることを示した法則。最も簡素であるにもかかわらず、最も有名で最も世界に影響を与えた法則である。エネルギーは質量に変わることができ（光から物質と反物質を作り出すことができる）、逆に質量がエネルギーを生む（原子核が分裂したり融合したりしたとき、その質量の一部がエネルギーに転化する）ということを意味し、現実にさまざまな事例で実証された。質量保存則が成り立つ化学反応でも、エネルギーの放出・吸収に伴って非常に微少だが質量の出入りがあるのである。

$E=mc^2$ の最も原初的な現れは、物質そのものが静止していても（つまり、運動エネルギーがゼロでも）エネルギーを持っていることで、これを**静止エネルギー**という。たとえ動かなくても、質量を持っているだけでエネルギーを有しているのだ。そして、その質量の一部でもエネルギーに転化すれば、莫大な量のエネルギーを取り出すことができる。

例えば、広島に落とされた**原子爆弾（原爆）**は一六キロトンと言われる。TNT（トリニトロトルエン）火薬一・六万トン分の爆発力と同じ、という意味である。この爆発のエネルギーはウラン原子核の核分裂に伴って質量の一部が失われて放出されたもので、$E=mc^2$ の法則がそのまま目に見える形で現れたのだ。

ウラン爆弾の重さは一・三トンと言われるが、使われたウランの量は三〇キログラム、そのうちエネルギーに転化した質量は一〇キログラムにも満たない。一〇キログラムのウランから一・六万トン分もの火薬と同じ量のエネルギー放出が起こったのだから、その単位重さ当たりの効率は一六〇万倍になる。原子核がいかに巨大なエネルギーを内に秘めているかがわかろうというものである。

多数のウランの核分裂をほぼ同時に起こしてエネルギーを一気に解放するのが原爆であるのに対し、分裂反応を制御してゆっくりエネルギー解放を行うのが**原子力発電（原発）**である。

ウランは中性子という粒子を吸収すると分裂してエネルギーを解放すると同時に、中性子を二個放出する。その二個の中性子を別々のウランに吸収させて分裂させると次は四個の中性子を放出し、さらにその四個をウランに吸収させ分裂させると八個の中性子、というふうに倍々ゲームでウランが分裂する数が増える。これを八二回繰り返せば二キログラム相当のウランの爆発に至り、ほぼ一グラムの質量がエネルギーに転化するのである。

倍々ゲームでなく、放出された二個の中性子のうち一個を硼素《ほうそ》やカドミウムなどの元素に吸収させるようにすると、反応に関与する中性子はいつも一個になり、核分裂反応は持続するが爆発にはならない。このように反応を制御して一定のエネルギーを出すように工夫したのが原発である。

原爆・原発には**死の灰**がつきものだが、それは核分裂によって生じた元素が不安定で、**放射線**を放出するためである。これを**放射性崩壊**という。放射線とは、電子・陽子・中性子・ガンマ線・ヘリウムの原子核などのことを指し、それが人体（細胞やＤＮＡ）に当たるとガンや突然変異を引き起こして死に至ることもあるので死の灰と呼ばれる。放射性崩壊においても$E=mc^2$は成立している。

他方、軽い原子核が融合・合体してエネルギーを放出するのが核融合反応で、地上においては**水素爆弾（水爆）**で実現した。

水爆を爆発させるためには一〇〇〇万度もの高温が必要で、そのために原爆を爆発させている（その原爆を爆発させるためにTNT火薬で引き金を引いている）。温度さえ高ければ一斉に核融合反応が進むから、水爆の爆発力は原理的にいくらでも大きくすることができる。これまでの最大の水爆は旧ソ連が開発した五六メガトンと言われる。なんとTNT火薬五六〇〇万トン分にあたる。主に、重陽子（陽子と中性子が結合した原子核で、重水素とも呼ばれる）同士、あるいは重陽子とトリチウム（陽子に二個の中性子が結びついた原子核で、不安定なため約一二年で半数に崩壊する）の反応を通じて、実質的に水素が四個核融合してヘリウムに変わり、その際に$E=mc^2$のエネルギーが解放されるのである。この核融合反応によって生成されるのはヘリウムの原子核だけであり、死の灰は生じないが強烈な中性子線が飛び出してくる。また、水爆の表面をウランで囲んでおくと、飛び出してきた中性子を吸って核分裂を起こしさらに多くの死の灰が生じる。これは汚い水爆と呼ばれている。

地上において、反応を制御して、ゆっくりエネルギーを取り出す水素の核融合反応は実現していない。これを**熱核融合**というが、一〇〇〇万度以上の高温状態を実現し、かつそれを持続させねばならない。そのような高温の粒子を閉じ込める壁がないことが最大の困難である。磁場によって粒子を閉じ込める炉が五〇〇〇億円以上をかけて国際協力によって実験されており、国際熱核融合実験炉(International Thermonuclear Experimental Reactor 略してITER)と呼ばれている。五〇年先に商業炉を建設する予定となっているが、その間にどれくらい予算をつぎ込むことになるのだろうか。

星の世界では、星の重力によって制御された核融合反応が起こっており、その明るさを支えている。$E=mc^2$ の関係を使えば、太陽では一秒間に四〇〇万トン分の質量がエネルギーに変わっている計算になる。それは巨大な量に思えるが、太陽全体の質量が一兆×一兆×二〇〇〇トンもあることを考えれば微々たるもので、一〇〇億年もの間反応を持続することができる。

星の場合、質量が大きいために中心部が強く圧縮され一〇〇〇万度を超える温度が自然に実現されている。だから「星はなぜ光るの?」と聞かれたら、「星が重いから」と答えるのが正解なのである。そして、核反応でエネルギーが出すぎると膨らんで温度を下げて反応を減らし、エネルギーが少なすぎると縮んで温度を上げて反応を増やす。膨張・収縮で核反応率が一定になるように制御しているのだ。

私たちが太陽エネルギーによって生かされていることを考えれば、$E=mc^2$ は生命を育む根本法則とも言える。しかし、原爆や水爆で生命を奪うのも $E=mc^2$ である。物理学の法則は、人間(生命全体)にとって光にも影にもなることがわかる。

ハッブル=ルメートルの法則——銀河の遠ざかる速さは距離に比例する

現代宇宙論の根本をなす**ハッブル＝ルメートルの法則**を述べておこう。この法則は、以前はハッブルの法則とのみ呼ばれていたが、二〇一八年の国際天文学連合総会で、この法則についてエドウィン・ハッブルと同等の発見をしていたベルギーのジョルジュ・ルメートルの貢献を認めて、ルメートルの名前を追加することが認められた。従ってハッブル＝ルメートルの法則と呼ぶべきなのだが、歴史的にはハッブルの事績の方が広く知られていることもあり、以下では旧来通りハッブルの法則と呼ぶことにする。

この宇宙は、星が一〇〇〇億個も集合した銀河を単位として物質が分布している。そのために私たちの宇宙は、**銀河宇宙**と呼ばれる。では、銀河はどのように宇宙空間に散らばり、どのような運動をしているのだろうか。

それを明らかにするためには、まず地球から、目的の銀河までの距離を観測しなければならない。私たちが住む銀河系との位置関係である。ところが天文学の観測において、距離を測るのは非常に困難であった。ようやく二〇世紀に入ってから、セファイド変光星などの**標準光源**が発見されて、銀河までの距離指標が得られたのである。標準光源とは、**絶対光度**（単位時間に電磁波で放っている全エネルギー）がわかっている天体のことで、絶対光度と**見かけの明るさ**（単位面積にやってくる単位時間当たりの電磁波のエネルギー）を比較することにより、距離を算出することができる。

一方、天体の運動については、視線方向の速度は比較的簡単に得ることができる。**ドップラー効果**を利用するのである。

ドップラー効果は、音についてはよく知られている。救急車のサイレンの音が、近づいてくるときは高く聞こえ、遠ざかるときは低く聞こえる現象である。音が波であることから、近づくときは音波の波長が押し詰められて短くなるために高音に聞こえ、遠ざかるときは引き伸ばされて波長が長くなり低音に聞こえると解釈できる。

光も波だから、同じ現象が生じる。光源が観測者に近づくと波長が短くなって青い方にズレ、遠ざかると波長が長くなって赤い方にズレる。そして、波長のズレを測れば、視線方向の速度が計算できることになる。

ハッブルは助手のヒューメーソンの助けを得て、銀河までの距離と視線方向の速度を独立して測るプロジェクトを推し進め、一九二九年にその結果を発表した。それによれば、二、三の例外はあるが、銀河のほとんどは私たちから遠ざかっており、遠ざかる速さは距離に比例しているというのだ。その比例定数を**ハッブル定数**と呼ぶ。

この結果の解釈には時間を要しなかった。アインシュタインが宇宙の運動に関する方程式を一九一五年に提出しており、その解から宇宙空間が一様に(縦横高さの比が常に一定になるよう)膨張しているなら、銀河までの距離と遠ざかる速さ(後退速度)は比例することが予言されていたからだ。この宇宙の膨張則がハッブルの法則である。

宇宙空間が膨張しており、空間点に固定されている銀河は空間の膨張に乗っているので、互いに遠ざかるように見える(銀河自身が空間に対して動いているわけではない)。動く歩道に乗っている人を遠くから見れば、その人が実際に歩いているわけではないが、動いているように見えるのと同じである。

とはいえ、すぐに宇宙膨張という解釈が受け入れられたわけではない。まず、宇宙空間が運動しているという事実に対し、生理的に嫌悪があったことだ。アインシュタインですら、宇宙方程式を提案したとき、運動する宇宙を嫌って人為的に静止した宇宙を作り上げたほどである。アインシュタインの偉いところは、ハッブルの発見を聞いて直ちに、「生涯最大の失敗」として静止宇宙を引っ込めたことだろう。彼は嫌悪感が私的な感情に過ぎず、好き嫌いは別として自然が示すことに従うべきだと知っていたのだ。しかし、多くの科学者はアインシュタインとは逆に宇宙膨張を排斥した。

当時の科学者がハッブルの法則を受け入れなかったもう一つの理由は、ハッブルの法則から得られる予測が当時の実験結果と矛盾したことである。ハッブルの法則から、銀河までの距離を遠ざかる速さで割ると（ハッブル定数の逆数になる）、おおむねの宇宙時間を推測できる。現在の遠ざかる速さで現在の距離にまで到達するまでの時間だから、それが宇宙誕生以来の時間と考えてよいからだ。

観測で得られていたハッブル定数を使うと、約一八億年となった。しかし、一九三〇年当時には既に放射性元素を用いて地球の岩石の年齢が測定されていて、三〇億年は経っていることがわかっていた。それは岩石として固まってからの時間だから、地球の年齢はもっと長い。とすると、宇宙より地球の方が古くなってしまうことになる。この矛盾があったために、宇宙膨張がなかなか受け入れられなかったのである。しかし、銀河までの距離を推定する方法が新たに発見されたり、これまでの方法が改訂されたりした結果、宇宙年齢の測定値は長くなり、地球の年齢との矛盾は解消されることになった。

こうしてハッブルの法則が確立されるなかで、一九四八年にビッグバン宇宙が提案された。宇宙が現在膨張しているとして宇宙の過去を想像してみよう、というわけである。過去の宇宙はもっと小さかった。もっと前はもっと小さく、もっともっと前はもっともっと小さかった。それを極限まで遡れば、ついに一点にまでたどりついてしまう。つまり、宇宙は大きさのない一点から始まったことになる。そこにすべての物質が詰め込まれていたとすれば、密度は無限大になり、温度も無限に高いだろう。無限は物理学で扱えないから、超高温・超高密度状態から宇宙は出発し、その後の膨張過程ですべての宇宙の物質が形成されたと考えてみよう、それがビッグバン宇宙の提唱者ジョージ・ガモフのアイデアであった。

ビッグバン宇宙は、いくつかの修正を経ながらも、数々の直接証拠が積み上がっていて、現在では正統的宇宙論として確立している。ハッブルの法則がビッグバン宇宙の基礎となって現代宇宙論の屋台骨を支えていると言っても過言ではない。

ハッブルの法則は銀河までの距離を測ることで得られたのだが、実は五億光年より遠方になると適当な標準光源が存在しないため、銀河の距離を正確に算出する方法がない。そのため、これより遠くの天体までの距離は、遠ざかる速さとハッブルの法則の組み合わせて求めている。現在、宇宙最遠方の銀河は約一三一億光年彼方に発見されているが、その遠ざかる速さは秒速で九万キロメートルを超えており、光速近くになっている。

第４章　物理学の原則

多種多様な自然現象を解析するにおいて、まずどのような観点で現象を捉えるかを設計しなければならない。幾何学的な形状を問題としたり（ケプラーの法則でいえば楕円軌道の採用）、代数的な数理的側面に重点を置いたり（ケプラーの法則でいえば軌道半径の大きさと公転周期の関係）、よく似た現象を探したり、相対的な関係を読み取ったりするのである。その際には、系の記述が厳密で普遍性を保つことができるよう、方法論上の原則というべきものを暗黙のうちに仮定している。

系が保つべき性質や従うべき原則を当然として課すのである。それによって問題の所在が明らかになるとともに、何を明らかにしようとしているかを明示することができる。そのような枠組みの下で、物理学者はその条件を受け入れ、同じルールに従って問題を解決することに励むのである。

その意味では、物理学の原則は科学を進める上での常識と言えるかもしれない。思いつくままに、そのいくつかを紹介しよう。

対称性——時間・空間の変換と物理法則

まず、空間の各点の位置を表すために座標系を設定する。空間に目鼻を入れるようなものである。任意の場所に原点を定め、ある方向にx軸を選び、それに直交するようにy軸とz軸が右手系（右手の親指がx軸、人差し指がy軸、中指がz軸に対応するように定める）をなすように引く。このような座標系を**デカルト座標**という。

空間の一点の座標はそれぞれの軸からの距離で表される。しかし、座標の取り方（原点の位置や軸の方向）はいくらでもあり、別の座標系を採用しても構わない。このとき、始めの座標系で表した位置と後で採用した座標系で表した位置の間には、ある関係が成立している。それを**変換**と呼ぶ。

例えば、原点の位置を動かす変換を**並進変換**と呼ぶ。いわば空間内の平行移動である。あるいは原点は動かさず、x、y、z軸の方向を変える変換もあり、それは座標系を適当に回転させることによって得られるから**回転変換**という（図4－1）。x軸の正の向きを逆転させたり、x、y、z三軸の方向を逆転させると、鏡に映したのと同じ座標系になるから**鏡映変換**である。

このような座標の変換によって、系の物理的性質（幾何学的関係や物理法則など）が変化しない（不変である）場合を**対称性**があるという。

円があるとしよう。このとき、円の中心の周りをいくら回転しても図形は重なり合うから**回転対称**である。回転対称の場合、空間軸をどの方向にとっても同じ結果をもたらす。机の上で各自が勝手な方向に空間軸を定めても構わない（答えが同じになる）のは、空間が等方的であって回転対称が成り立っているためである。また、円の中心を通る直線で折り曲げても（つまりx軸の方向を逆転させても）重なり合うから、**鏡映対称**である。右手系や左手系は人類が勝手に定めた座標系の取り方で、空間には右も左もないから、通常は鏡映対称が満たされている。

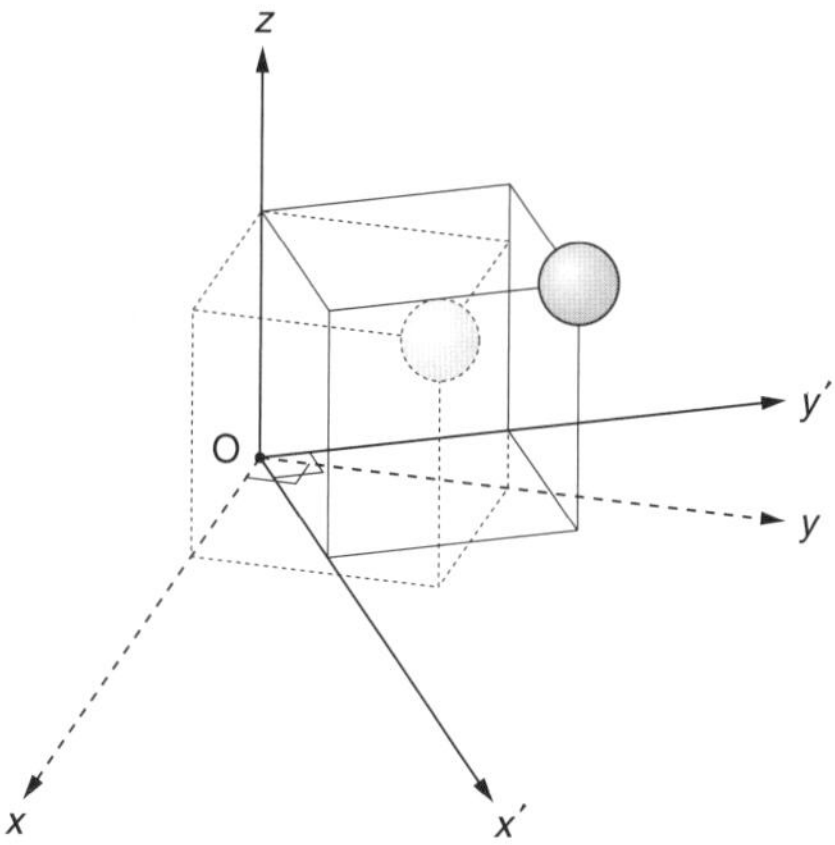

図4－1　回転変換
z軸を軸にして回転を行っても、球の形や原点からの距離などは変わらない

一方、正三角形や正方形や正六角形のタイルが敷き詰められた床は、決まった距離だけ移動させると重なり合うから**並進対称**と言える。並進対称の場合、原点をどこに取っても平行移動すれば同じパターンになる。

物理法則がどこでも（座標軸をどう取っても）同じように記述できるのは、空間の一様性が成立しているためである。言い換えれば、宇宙には中心がなく、どの場所も対等であることを意味する。このように対称性の概念は空間の等方性や一様性を根拠として成立し、まず座標の変換に対して幾何学的図形が不変であるかどうかから出発した。

この宇宙は、空間が三次元であり、時間が一次元である。空間に関する座標変換を考えるとすれば、時間に対する変換も考えなければならない。空間の並進変換に対応するのが時間の並進変換で、時間の原点を変化させる変換である。系の物理的性質が時間の並進変換で対称であれば、時間をどこから測ってもよいことになる。そのことは、時間の流れが一定であることを暗黙のうちに仮定している。ところどころで時間が速く流れたりゆっくり流れたりするなら、どこから時間を測ったかの差が出てしまうことになるからだ。

また、空間の鏡映変換に対応するのが時間の進む方向を逆転させる、つまり時間 t を $-t$ に置き換える変換で**時間反転**という。時間反転は映画のフィルムを逆回しにするのと同じで、その変換に対して対称とは物理的性質が可逆（逆行が可能）であることを意味する。外部に一切の痕跡を残さずに、物理量が時間変化する場合である。例えば、真空中のボールの運動は時間反転に対して対称（可逆）である。ボールの運動を映したフィルムを逆回転させても、運動の区別がつかないからだ。しかし、空気中のボールの運動だと、ボールのエネルギーの一部は摩擦のために空気に移動して元に戻らないから、ボールの運動は減衰しており、フィルムを逆回転させると運動が加速しているように見える。この場合は、時間反転に対しての対称性がなくなる（非可逆となる）のである。

さらに変換の定義を拡張して、Aという粒子とBという粒子を入れ換える変換も考えられる。AとBが異なった粒子であっても、入れ換えについて対称（同じ）であるなら、物理法則はAとBを区別しないと考えることができる。陽子と中性子の入れ換えとか、物質と反物質の入れ換えなどについて、この変換が適用されている。

対称性について一般的に成立する興味深い定理がある。ある変換に対して対称であれば、必ずそこに保存される量（保存則）が存在するという定理である。これを**ネーターの定理**という。女性研究者であるネーターが発見した重要な定理で、物理学の根本原則と言えるものである。実際に適用してみよう。

座標の原点を移動する並進変換に対称であれば、運動量保存則が成立する。運動量は質量に速度をかけた量であり、座標の原点を変えても速度が変化しないのが並進対称だから、運動量が不変で保存されることになる。回転対称の場合は、角運動量が保存される。角運動量は位置ベクトルと運動量ベクトルの外積で定義された量であり、座標系を回転させても外積そのものが変化しないとき、角運動量は保存される。

一方、エネルギー保存則は時間の並進変換に対する対称性から導かれる。時間軸の原点を変えてもいつから時間を測っても同じ状態を保つのだから、エネルギーが一定に保たれるのである。以上は、運動に関する保存則で私たちに馴染み深い。

それ以外の対称性と保存則の関係についてはあまり馴染みがないが、以下の議論に必要なので解説しておこう。鏡映変換に対する対称性は右手系と左手系を区別しないことであり、**パリティ**という量が保存される。運動の前後でパリティは変化しないのだ。粒子の入れ換えについては、さまざまなケースが考えられる。陽子と中性子を入れ換える変換の対称性は、厳密には成立していない。陽子と中性子の質量が少しだけ異なり、陽子は電荷を持ち中性子は電荷を持たないから、そもそも物理法則はその入れ換えに対して対称ではない。しかし、質量差が無視でき、電荷に関係しない「強い力」の法則の場合は、陽子と中性子は同一とみなして構わない。強い力とは、原子核内部の陽子や中性子の間で働く力で、湯川秀樹が予言したものである。原子核の中の世界では強い力が圧倒的に支配していて、陽子と中性子は区別できないのである。それで陽子と中性子を一括して**核子**と呼ぶ。この場合、保存される量が**アイソスピン**である。

核子数の小さい原子核では、一般に陽子の数と中性子の数が等しいときに安定であるのは、陽子と中性子の入れ換えに対して対称であることを示している（原子核が大きくなると、電荷を持つ陽子間のクーロン力が効くようになるので、陽子と中性子の間の対称性が破れ、その数が異なるようになる）。粒子と反粒子は電荷以外の物理量は皆同じであるから、その入れ換えは電荷の入れ換えに関する変換となる。これを**C変換**（**電荷共役変換**）という。対称な場合に**C保存**となる。この場合、粒子と反粒子の世界は同じ物理法則に従うことを意味する。

ネーターの定理は、逆の適用も可能である。何らかの物理量の保存則が経験的に知られているとき、その背後には変換に対する対称性が存在すると予想できることだ。

例えば、**電荷の保存則**を考えてみよう。反応の前後で電荷は変わらないという法則で、化学（原子）反応で確立し、原子核や素粒子反応でも厳密に成立している。保存則があるのなら、そこに変換に対する対称性が存在するはずで、この場合は系の物理的性質が電荷の量を変えても変わらない（対称である）ことに由来する。また、反応の前後で核子数が保存され（**バリオン数保存**）、粒子の崩壊や異なった種類の粒子への変換の際に働く「弱い力」に関与する粒子数も保存される（**レプトン数保存**）。これらは、バリオン同士やレプトン同士の反応において対称性が存在しているためである。

このようにして系の対称性が物理量の保存則と結びついていることがわかった。保存則は変換における対称性の上に成立していると言える。系が対称であるということは、変換しても一定のまま変化しない物理量が存在することを意味するのだから、何となく納得できるのではないだろうか。一定の量があるがために、同形の（対称な）状態が持続できるのだから。

対称性と保存則に関する物理学の法則に揺るぎなく成立している重要な定理がある。**CPT定理**である。粒子と反粒子を入れ換え（C）、鏡映変換を行い（P）、時間反転をする（T）という三つの変換を続けて行うと、いかなる物理法則も対称（不変）であると述べる定理のことだ。これは、特殊相対性理論が成立している限り成立することが証明されている。言い換えれば、特殊相対性理論を満たす場合には、いかなる変換に対してもCPTの量は反応の前後で変わらないというもので、これまでCPT定理に違反する物理法則は一つも発見されていない。

ところが、素粒子の世界の物理法則には、近似的に成立していても、厳密に保存則を満たしていないものもある。変換に対する対称性が完全には成り立っていないのだ。まず最初に発見されたのは、素粒子が崩壊して別の素粒子に変わる弱い力の反応において、パリティ保存則が破れている（パリティ非保存）ことだ。このことは弱い力が働くと右手系と左手系の対称性が破れることを意味する。実際、ベータ崩壊と呼ばれる電子を放出する反応では、電子が放出される方向は左手系に偏っていることがわかった。自然は「左利き」なのである。しかし、パリティ変換に続いてC変換（粒子と反粒子の入れ換え）を行えば（**CP変換**）、保存則が回復されることがわかった。ベータ崩壊（電子を放出する反応）の場合、右手系から左手系に変え（P）、電子を陽電子に変換（C）すれば、同じ反応が生じるということになる。

ところが、ある種の素粒子の崩壊反応ではCP変換に対して対称ではないことが示された。CPT定理が正しいとすると、この対称性が破れているということは時間反転に関するT変換も対称ではないことを意味する。つまり、反応は可逆ではなく、時間の流れの方向で左右されることになる。

これまでの力学法則はすべて時間について対称であった。周辺に影響を残さない力学過程では、フィルムを逆回しする反応が同等に起こると考えられていたのだ。しかし、素粒子の崩壊に関する物理法則には時間の流れの方向を知っているのもあると言える。これを説明するために、（現在において）究極と考えるクォーク（素粒子の基本的な構成要素）が六種類必要であると証明したのが小林・益川の理論で、この業績によって二〇〇八年のノーベル賞を授与された。

このように素粒子の世界では対称性が厳密に成立していないことが多い。それはむしろ当然なのかもしれない。対称であるということは、素粒子の変換（入れ換え）に対して変わらないことを意味し、それらの間に区別がないことになる。完全に対称であれば、すべての素粒子は完全に同等であり、質量も同じと考えざるを得ない。そのような状態だと素粒子間の区別がない。しかし、現実の素粒子の質量は皆異なっており、反応性にも個性がある。そのような区別がつくということは、対称性が破れているためである。このことを積極的に受け取り、**対称性の破れ**が素粒子の基本的性格であると考えたのが南部陽一郎で、やはり二〇〇八年のノーベル賞を授与された。

私は、「原理は対称、現実は非対称」であり、「どのような機構で対称性が破れたかを追究するのが科学」という言い方をしている。原理的な世界ではすべてが同等であり、区別はない。しかし、現実に展開している物質の状態は、対称性が破れてそれぞれ独自の世界を形作っている。化学反応は化学物質の反応性や分子の形状がほんの少し異なることによってさまざまな状態変化が生じ、生物は進化過程で働きが異なる多様な器官を獲得して数々の種を生み出してきた。対称性が破れることにより世界は豊かになってきたと言える。だからこそ対称性の研究は大事なのである。破るべき対称性を考えることによって、そこからどのような新しい性質が生まれてきたかのヒントが得られるからだ。

不変性・共変性——これを満たしてこそ真の理論

先に述べた変換によって、方程式の形が変わらないこと（**不変性**）、あるいは変換しても同じ形式で表現されること（**共変性**）を意味する。それによって変換をしても、同じ運動や同じ状態が実現することが保証される。

ニュートンの運動方程式は、慣性系の間の相対速度が一定の座標系変換（これをガリレオ変換という）をしても同じ形で表現される（ガリレオの相対性原理）。また一般相対性理論においては複雑な座標系の変換をしても、結果における方程式は新しい座標について全く同じ形式に表される（一般相対性原理）ことを要請している。それによって、座標変換しても同じ運動が生じることが期待できるのである。いずれも相対性原理という名がついているのは、座標系の設定は任意であり、座標系に優劣の差はない（相対的である）ことを述べているためである。

与えられた問題を解こうとする場合、私たちはその問題に最適な座標系を選ぼうとする。例えば、回転している物体の運動に対しては、x、y、z軸を持つデカルト座標より、原点からの距離rと、ある軸からの角度θとϕ《ファイ》で表現する（極座標という）ほうが便利である。また、人工衛星内部での運動に関しては、衛星の静止系に移るほうが簡明に表すことができる。適切な座標系をとることによって、問題を解きやすくすることが可能になるのだ。

そのとき、どのような座標系で記述しようとも、同じ運動が再現されねばならない。生じる運動は私たちが選ぶ座標系に関係しないからである。それを保証するのが不変性・共変性である。方程式が全く同じ形式に表されるのなら同じ運動が生じるのは当然であり、運動の記述に優劣はないと言える。

現代では、不変性・共変性を変換（座標変換だけでなく、粒子の入れ換えや物理量の変換なども含む）をする上での基本原理としている。相対的な観点を徹底したもので、いかなる系から見ても物理現象は同じにならなくてはならないという精神を貫徹しているのである。例えば、特殊相対性理論に従うことを要請すれば、特殊相対論の変換（**ローレンツ変換**）に対して不変性・共変性を満足させるよう理論を組み立てねばならない。それを満たしていない理論は排除されるのである。

そのことは、新しく提示される理論に対する大きな制限になる。勝手に適当な項を付け加えて都合よく現象を説明しようというような安直な「理論」は、その項が不変性・共変性を破るものであれば直ちに却下される。理論の枠組みとして不変性・共変性は守るべき基本原則になっているのだ。それでは制限が多すぎて物理学には自由な飛躍がないと思われるかもしれないが、恣意的な感情や願望で科学が成り立っているのではなく、厳格な制限の下で新しい可能性を探すことが求められているのである。

昔、「ニュートン力学は土星に輪があることを予言できないので不完全である。私の理論は土星の輪を自然に説明できるのでニュートン力学より上だ」と主張する手紙と論文を受け取ったことがある。そもそもニュートン力学は、初期条件（初期の物体の位置や速度を指定すること）や境界条件（どのような環境に適用するかを指定すること）を与えた上で、物質の運動の法則を論じるものであり、それらを与えなければ土星の輪（惑星の衛星の数なども含めて）を予言できるものではない。そのような物理学の法則の真髄をご存じないと思ったのだが、その方程式を見ると土星の輪が出来るよう勝手に付け加えた項があり、それはガリレオの相対性原理を満たしていない。つまり、その系にのみ適用できる方程式なのである。だから当然、座標変換に対する不変性や共変性が満たされていない。そのような目的論的な「理論」は理論とは言えないのは明らかだろう。一般性、普遍性、相対性、不変性・共変性を満たしてこそ、真の理論なのである。

現在、多次元世界の物理学やニュートン力学を凌駕《りょうが》する新しい力学などが提案されているが、それらはいずれも物理法則が従うべき不変性や共変性という規範を守っている。恣意的に「あらまほしい」や「あるべきはず」の空想で出されているものではない。その意味で、制限された範囲内で可能な世界の開拓を行うのが物理学の研究で、私たちもその範囲内で真剣に研究しているのである。物理学の原則は守るべき鉄則になっていると言うべきだろう。

相似性——木の枝は自己相似性を示す

物理学の法則には相似則が成立する場合が多くある。

一つは、全く分野が異なっているにもかかわらず、基本方程式が同じ形式で表現できる場合があることだ。例えば、電磁気学の法則では電荷・電流・その相互作用があるが、それは流体力学における渦・渦流・その相互作用と置き換えても同じように成立する。物理量を置き換えれば全く同じ方程式になるのだ。フックの法則はバネの平衡点からのズレの量に比例する力が働くことを述べているが、その関係式は振り子や電気回路など多くの分野に共通して適用できる。そのような場合、当然ながら同じ方法で解くことができ、同じような現象を予想することができる。

それが成立するのは、物質世界の類似性によるものだろうか、それとも人間の認識が類似性を求めているためだろうか。おそらく両面があることと考えられる。

物質世界は、多様な物体、多様な反応性、多様な状況があるのだが、その結びつきには共通性がある。システムが異なっても、同じような力が働き、同じように同調し、同じ原理に従って反応することは否定できないからだ。電荷と渦は根本的に違った実体である。電荷は反対の符号であれば引き合い、同じ符号であれば反発し合う。渦は、反対方向に回転していれば引き合い、同じ向きであれば反発する。電荷には向きはなく、渦には先天的な荷電はないが、その運動に類似性が成立するのである。

むろん、自然に対する人間の認識法の特徴が現れている側面もあるだろう。解がわかっている方程式になるよう操作している場合もあり得るからだ。その場合、果たして本当に自然の真理をえぐり出したものなのか、単にわかりやすいということで都合のよい部分だけを引っ張り出しただけなのか、容易に判別がつかない。ひょっとしたら、人間の認識に合ったように自然の解釈をしているだけなのかもしれない。ふつうは、多数の異なった目で点検しているのだから、そのような誤謬《ごびゅう》はないと考えるのだが、十分注意する必要はある。

もう一つの相似則は、一つの方程式で物理量のスケールを適当に変換すると、その変換によって得られた方程式が元のものと一致する場合である。これを**自己相似性**という。最も簡単な力学系の場合、系を記述する基本単位は、時間、空間、質量であり、それらを組み合わせた次元を持たない量を導入すれば、簡単な微分方程式に書き換えることができる。これを相似変換という。

例えば、爆発によって生じた衝撃波の伝播は、時間t、空間r、周辺の物質密度ρ_0、エネルギーの大きさE_0に対して、次元を持たないξ《グザイ》という量を定義すると式はξだけの方程式になってしまう。このことは、星の爆発、原爆の爆発、ダイナマイトの爆発、微粒子の状態変化に伴う爆発など、エネルギーが何十桁も変わっても同一形式の爆発に伴う運動が生じることを意味する。このような場合、**相似解**が存在するという。むろん、物理量の間にある種の関係（ξが一定となるような関係）をつけて変換を行っているのだから、実際に実現される解が相似解であるという保証はない。しかし、十分時間が経過したような場合には、相似解に収束していく場合が多い。解の大まかな傾向を知るためには非常に有用なのである。

もう少し複雑な力学系では、重力や粘性のような系を特徴づける物理量が入ってくる。どのような系を問題にしているかが方程式の中に露《あらわ》に表現されているのだ。このような場合、時間・空間・質量（またはエネルギー）をいかに変換しても方程式は同じ形式にはならない。しかし、一つの（時間や空間の次元を持たない無次元の）量だけに押し込めることができる場合がある。代表的なのが粘性流体を扱った流体力学の方程式で、流れの中に存在する物体の大きさと流速と密度との積と、粘性率との比（これを**レイノルズ数**という）は次元を持たない数値になり、この量の大きさだけで流れを特徴づけられることがわかっている。レイノルズ数が同じであれば、流れのパターンは相似になるのだ。これによって、旅客機の設計において、実物と同じ大きさの旅客機で実験しなくても、同じレイノルズ数になるようにすれば小型の模型を使って風洞で実験すればよいことになる。

もっと単純なのが、大きさを変えても基本パターンが変わらないような自己相似性がある場合で、これを**フラクタル**という。物理法則が空間次元のベキ関数（例えば、$F=Kr^n$という形）で表される場合、空間を引き伸ばしたり縮めたりする（$r \to ar$と変換する）と、空間次元への関数形は変わらず、前の係数が変化するだけになる（$F=a^nKr^n$になる）。比例係数のKがa^nKに変わっただけで、関数形はr^nのままである。グラフで書けば平行移動しただけである。つまり、系を微視的に見たり、粗視的に見たりするだけで、基本形は変わらない。木の枝や川の分岐、砂から岩石までのさまざまなサイズの石、雲の形態、海岸線など、自己相似性を示すものは多くある。コッホ曲線（図４－２）やシェルピンスキーのギャスケット（図４－３）など、人為的な図形が多数提案されている。マトリョーシカ人形や重箱など、大きな入れ物の中に小さな同じ姿の入れ物が入っている入れ子細工もフラクタルである。端的に言えば特徴的な大きさを持たず、さまざまなサイズのものが存在し得るのである。

このようなフラクタルの概念は、大きさだけでなく、ある物理量が何らかの量のベキ関数

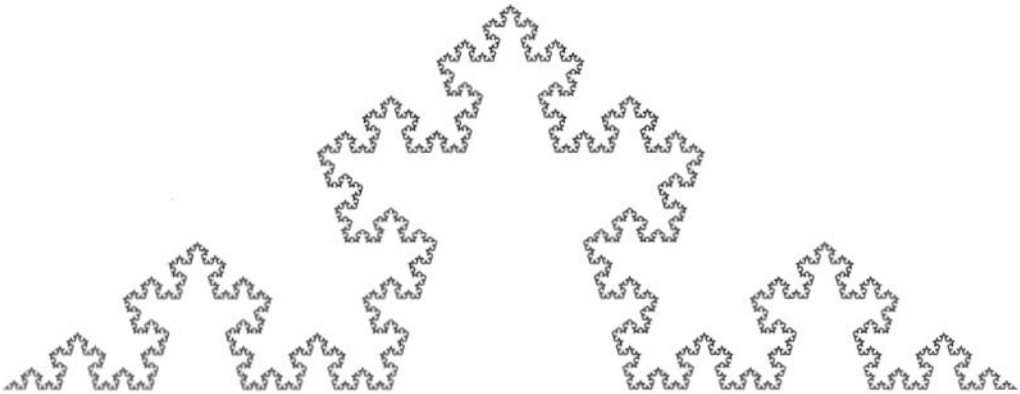

図4−2　コッホ曲線
同じパターンが小から大へ繰り返されている

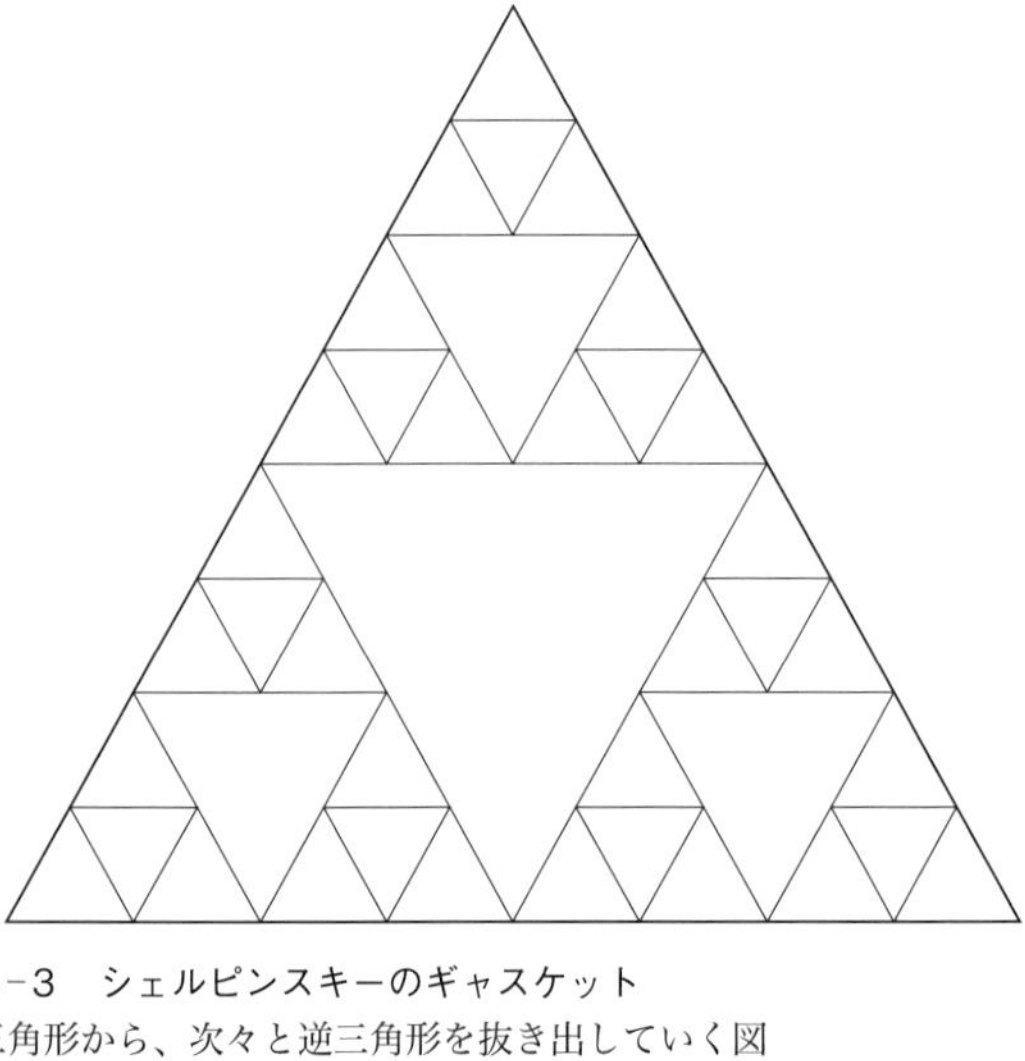

図4−3　シェルピンスキーのギャスケット
三角形から、次々と逆三角形を抜き出していく図

で表されるような物理法則一般に拡張されている。例えば、地震にはさまざまな強さ（マグニチュード）の揺れがあるが、その頻度はマグニチュード（地震エネルギーの大きさ）のベキ関数で表される（グーテンベルク＝リヒターの式［図4－4］）。弱い地震は頻度が多く、強い地震ほど頻度が少ないという関係がベキ関数で表されるのだ。クレーターの直径の分布、放電のパターン、人体の血管の構造などにも同様の関係が得られ、戦争の死者の数とその頻度や株価の変動とその回数など人間が関与する現象にもこの関係が成立している。

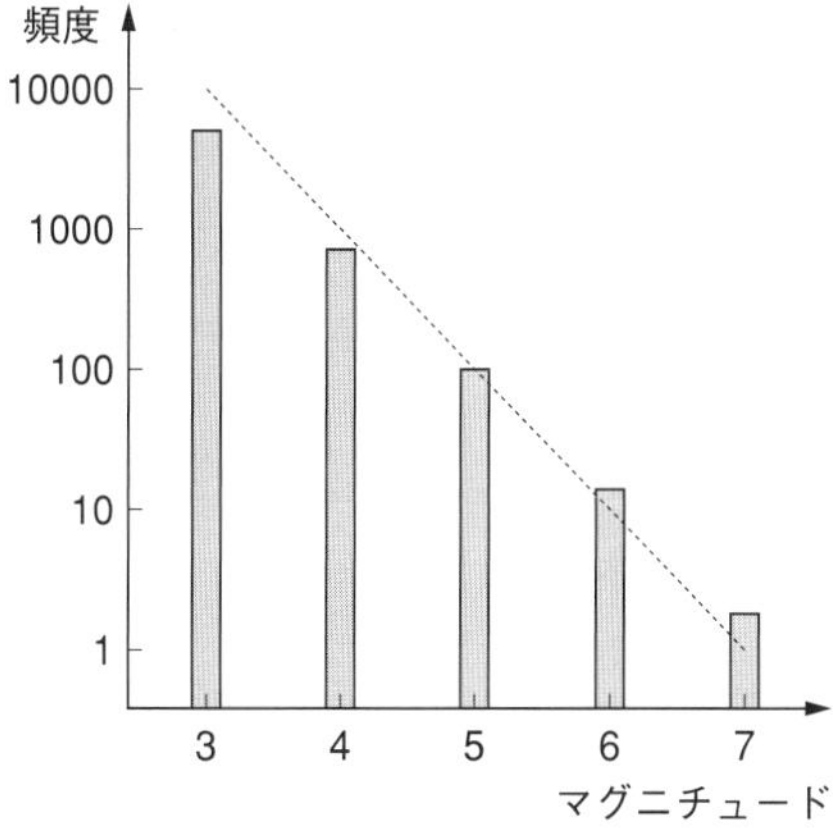

図4－4　グーテンベルク＝リヒターの式

　フラクタルに関連する変わった関係式として**ジップの法則**がある。あるものの頻度の順位をNとすれば、その数はNに反比例するという法則である。例えば、大都会の人口はその順位とほぼ反比例の関係にある。人口の順位Nは、$N=1$が東京（九二七万人）、$N=2$が横浜（三七二万人）、$N=3$が大阪（二六九万人）、$N=4$が名古屋（二三〇万人）だが（二〇二〇年六月推計）、人口の数は順位Nにほぼ反比例していることがわかる。英語の単語が使われる順位と頻度、貿易での輸出入の国の順位と金額などにもジップの法則が成り立っている。これもある種の相似性を表現していると言えるだろう。

電気回路では、雑音の強さが周波数に反比例する（いわゆる1／f雑音）という経験則が知られている。周波数fが十分大きいときは白色雑音（fに依存しない一定の強さの雑音）だが、周波数が小さくなると、回路を構成するものが半導体であっても真空管であっても同じように1／f雑音（ピンク雑音とも呼ぶ）が観測されている。さらに、心拍、水晶の振動、高速道路のクルマの流れ、気温の季節変化などでも、1／fゆらぎが確認されている。これらも自己相似性があり、フラクタルと関係していると考えられる。

安定性——安定とは、エネルギーが最低の状態

物体が釣り合いや静止の状態にあったときに、状態がそのまま変化せずに持続するか、変化して状態が変わってしまうかを判定するのが安定性である。

私たちがある物理系を相手にする場合、まずその系の状態が安定であるかどうかを調べる。安定でなければ、その状態が持続せず、それを基準とすることができないためである。安定であるかどうかを判定する方法は、通常、状態に少し乱れ（ズレ）を与えたときに、元の状態に戻ろうとするか（**安定**）、元の状態からいっそう外れていくか（**不安定**）で判断する。

峠道のように、山の上りから下りへと変わる頂点にボールを置いて揺らせると、ボールは左右のいずれかのほうに転げ落ちていく。山の頂点は不安定点なのである。これに対し、谷底のように、山の下りから上りへと変わる底点にボールを置いて揺らせると、ボールは左右に行き来しながら常に底点に落ち着く。谷底の底点は安定なのである。単純に言えば、ある状態にズレを加えたとき、そのズレが原因となって、ますますズレが増大する（不安定）か、ズレが減少する（安定）か、である。そのため、仮想的に与えたズレの量が時間的に大きくなるか、振動するか（摩擦などによっていずれ減衰してしまう）を調べることによって、不安定か安定かを判断することができる。

安定な状態は、通常、エネルギーが局所的に最低の状態にあることを意味する。その状態に対して仮想的に物理量にズレを与えれば、必ず周囲のエネルギーのより高い状態に移らなければならないから、自然に、元のエネルギーの低い状態に戻ることになる。逆に、不安定な状態はエネルギーが周囲より高い状態にあり、そこから少しでもずれるとエネルギーのより低い状態に容易に移行することになる。従って、系のエネルギー状態を調べることによっても、安定か不安定かを判断することができる。

バネの場合、平衡の状態からバネを縮めると伸びようとし、バネを引き伸ばすと縮もうとする力が働く。始めの作用に対して反発する方向に力が働くので、必ず元の平衡の状態に戻ってくる。エネルギーで言えば、力が働いていない平衡の状態がエネルギーの最低状態で、バネを縮めても引き伸ばしてもエネルギーの高い状態になるので、やがて元の状態に戻ることになる。安定な場合の典型的な例である。

逆に、バネを縮めるといっそう縮む方向に力が働き、引き伸ばすといっそう伸びるような力が働くという仮想的な場合を考えてみよう。その場合、縮み始めるとますます縮み、引き伸ばし始めるとますます伸びていく。元の平衡状態からどんどんずれていくので不安定ということになる。エネルギー的には、この場合、ズレによってマイナスのエネルギーが付け加わるようになっており、ずれるとますますエネルギーが低い状態へ移ることができるので不安定なのである。

空気の圧力は密度に比例する。空気を押し詰めると密度が上がり、それによって圧力が上がるから広がろうとする。広がり過ぎると密度が下がるため圧力も小さくなるので、周囲から圧縮されて縮むということになる。このような空気の疎密状態を交互に繰り返しつつ伝播するのが音波である。音波は空気の安定な振動と言うことができる。

今、宇宙にクインテッセ（第五の元素）と呼ばれる、圧力がマイナスの密度に比例するような奇妙な物質が存在するとしよう。この物質を収縮させると密度が上がり、圧力はマイナスで大きくなるから、圧力が下がることになる。だから、ますます圧縮される。逆に、この物質を膨張させると密度が下がり、マイナスの密度に比例して圧力が上がってますます膨張が加速されることになる。このような奇妙な物質が宇宙を満たしておれば宇宙膨張は不安定になって、加速的に宇宙が膨張していくことになる。

現在の宇宙観測によれば、膨張が加速されていることが報告されている。それが何に由来するかよくわかっておらず、ただダークエネルギー（わけのわからないエネルギー）と呼ぶ斥力を仮定するのが最も単純である。それでは面白くないと考え、斥力を持ち込まない一つの仕掛けとして、クインテッセを持ち込もうという一派がある。一般に、不安定は系の状態が発散してしまう（ズレが無限に大きくなってしまう）ので嫌われているが、宇宙膨張の加速に対して不安定を積極的に利用しようとしているのである。

工学では、安定な場合を**ネガティブ・フィードバック**といい、不安定な場合を**ポジティブ・フィードバック**という。出力の一部を入力側に戻して作用させることがフィードバックであり、その結果出力がさらに増大する（プラス側に働く）ときがポジティブ・フィードバック、出力が減少する（マイナス側に働く）ときがネガティブ・フィードバックである。工学の場合、例えばある機械が安定して作動し続けるかどうかが大問題である。そのため、機械に正常運転からのさまざまなズレを生じさせ、それが成長するか減衰するかをテストするのだ。むろん、安定して作動するネガティブ・フィードバックになるよう工夫する。

日常生活で言えば、子どもを叱りつけると、大きく伸びようとするのを押さえつけ、畏縮するよう作用するのでネガティブ・フィードバックがかかったようなものである。逆に、褒めることは、伸びようとする子どもを励ましていっそう伸ばそうとするということになり、ポジティブ・フィードバックと言える。子どもの教育には、褒めることが推奨できるのだ（少し強引かな?）。

相反性（相反定理）——逆も同じ確率で起こる

時間反転に不変な（つまり可逆的な）物理現象においては、ある状態Aから他の状態Bに変化するとすれば、それと同じ頻度でBからAへの変化も起こる。力学、電磁気学、熱力学、光学など物理学全般に成立している重要な定理である。具体的な例を挙げてみよう。

運動量P_1、P_2を持つ二個の滑らかな剛体球が衝突して、P_1'、P_2'、となったとしよう。この逆の衝突は、P_1'、P_2'、の球が衝突してP_1、P_2になる場合だが、相反定理によれば、この二つの過程の衝突確率は等しくなる。

空間の一点Aに置かれた点光源から放射された光の波が点Bに生じる波は、逆に点Bに置かれた同じ点光源から放射された光の波が点Aに生じる波に等しくなる。素粒子や原子核の散乱過程で、入射粒子と標的核で構成される始状態αから、放出粒子と残留核からなる終状態βへの遷移確率は、この過程を逆にした始状態βから終状態αへの遷移確率と等しい。結晶内の原子Aが放射するX線の波が結晶によって回折されて点Bに生じる波は、点Bにある原子が放射するX線の波が結晶によって回折されて点Aに生じる波に等しい。これは電子線についても成立する。これらが相反定理の例である。

相反性を利用することによって、一つの過程の確率を計算することができれば、その逆過程についての確率も得られることになる。反応に関する一種の対称性が成立していると言える。これによって問題を簡明にすることができると同時に、逆反応の物理過程に関する洞察を得ることができ、実験に対しての予言をすることも可能になった。

この相反定理は、平衡状態の考察から導くことができる。平衡状態では系の状態は平均として一定になっているが、微視的にはゆらいでおり状態変化を繰り返している。しかし、微視的過程で起こっている現象が可逆的であれば、状態Ａから状態Ｂへの変化は、状態Ｂから状態Ａへの変化と同じ確率で起こることになる（微視的可逆性）。その過程の平均をとると、平衡状態における巨視的な相反定理に焼き直せるのである。

相補性──量子力学が備える要件

古典物理学の立場では、位置・運動量・エネルギー・時間の関数として物体の運動を完全に決定することができる。粒子性と波動性の矛盾もない。ところが、微視的世界の量子力学で記述される物体の挙動に関しては、粒子性と波動性という矛盾した二面性があり、位置と運動量、エネルギーと時間が同時に決定ができないこと（不確定性原理）や確率でしか運動が論じられないというような問題が生じる。古典的な解釈では理解できないのである。

そこでボーアは一九二七年に、相補性という概念を導入した。量子力学で現象を記述するにあたっては、粒子性と波動性、位置と運動量、時空的記述と因果律というような、互いに排他的に見える概念は実は互いに補完的であり、どちらか一方を欠いても記述は完全でないと主張した。そして、このような関係にある物理量や概念を互いに相補的であるとし、量子力学はこのような相補性の上に成り立っているとしたのである。要するに、矛盾した要素があっても、理論はその両面を含み込まねばならないと考えたのだ。

これ自身は、量子力学が備えるべき要件を述べただけなのだが、その主目的は決定論を主張するアインシュタインに対する反論にあった。アインシュタインは、量子力学が内包する不確定性や確率解釈を承認せず、必ず決定論的な理論が存在するはずと主張していた。それに対しボーアは相補性を前面に出して、決定論的ではない量子力学を擁護しようとしたのである。

それだけでなく、相補性の概念は哲学的な思念として、他の分野に広がることになった。粒子性と波動性のように互いに矛盾する概念でありながら、それが共存（併存）することにこそ真実があるという議論に結びついていったのだ。

例えば、生物は生きていることの中に死を内包している。細胞は生きて活動しているとともに、絶えず原子は入れ替わっており、必ず細胞死を伴っている。生死の矛盾を統一しているのが生物であり、どちらか一方だけを取り出して論じることはできない。生と死は相補的なのである。そして、それらが互いに補い合うことによって完全性が獲得できる。弁証法における矛盾を止揚する一つの考え方になるというわけだ。

統計性——偏差値の計算方法とは？

多数の要素からなる集団において、ある物理量について個々の要素の分布を調べて、その集団の平均的傾向や性質などを数量的に明らかにする方法である。あるいは、実験や観察データには誤差や揺らぎが付きものであり、必ずしも常に同じ値が得られるわけではない。そのような散らばったデータを整理する場合にも、個々のデータを集団の要素とみなし、その分布や広がりを調べて最も確からしい値を推測することが可能になる。

また、各要素は決定論的な式に従って変化している場合でも、要素の数が膨大で、それぞれが異なった初期条件に従ってランダムに運動し、要素間に相互作用があって入り乱れていくようなとき、個々の要素を詳しく追跡することは止め、集団としての平均的な挙動を調べることになる。このようにミクロなレベルでは個々の要素はそれぞれ決まったある法則に従っているが、その個別性を取捨して全体を積分すると、マクロな系として質的に異なった構造が発現することがある。その振る舞いを明らかにしようというのが統計的手法であり、系の平均的な物理量の法則性を追求することになる。

最も単純な例として、人間の身長の分布を取り上げてみよう。同じ年齢の人間（男性または女性）の身長分布を調べるのである。それぞれの身長を測って高さと人数の分布をとると、どのようなサンプルでも、一般には**釣り鐘形の分布**になる。これを**正規分布（あるいはガウス分布）**（図4－5）という。そのピーク点が平均の身長であり、**標準偏差**と呼ばれる広がり（**分散**）を持っている。平均値や標準偏差は、男性と女性、年齢、地域によって差があるが、分布としてはすべて同じ正規分布に従っていることが認められている。個々の人間の身長差はあるが、多数の統計をとると同じ形の分布関数で表されるのである。

筆記試験の成績分布（得点と人数の関係）は一般に正規分布にはならない。やさしい問題なら高得点者ばかりとなるし、難しい問題なら零点ばかりとなってしまう。このような成績

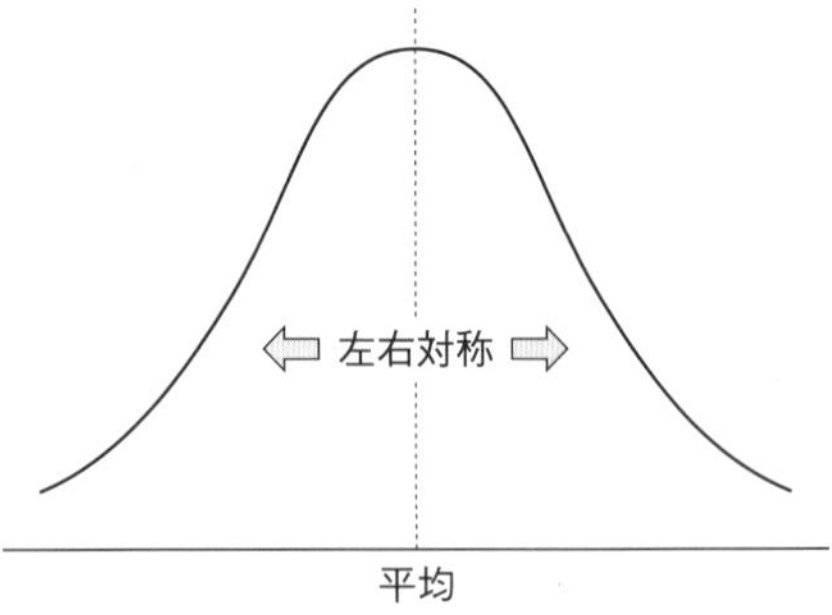

図4−5　正規分布

分布だと生徒の順位を付けるのが無意味になる。また、生徒の学力に散らばりがある場合、少しひねった問題を出すと高得点者と低得点者の二つのグループに分かれることもあって、順位付けも単純ではない。

そこで採られる方法は、成績分布は正規分布だとむりやり仮定して、平均値と標準偏差を出す。これによって、クラス全体としてどれくらい理解しているかの平均の学力と、それからずれた生徒がどれくらいいるかが求まる。これが通常行われているクラスの成績の推計である。そして今度は、各生徒の成績がどのようなランクにあるかを求める。

まず、各生徒の得点が平均からどの程度ずれているか（偏差）を出す。それを標準偏差（偏差の二乗を平均した値の正の平方根）で割って一〇倍し、五〇を加えたものがいわゆる**偏差値**である。クラスの平均からどの程度ずれているかを扱いやすい（直感的にわかりやすい）数値とするため、一〇倍したり五〇を加えたりしているのだ。平均点の者の偏差値が五〇であり、それ以上なら平均を上回り、以下なら平均を下回る。七〇以上なら、標準偏差から二倍以上離れており、上位一割以内であることがわかる。平均点が何点か（つまり実際の学力がどれくらいか）は全く表面に現れず、ただ相対的な順位付けだけをクローズアップするという意味で、入試対策として便利なのである。

今や偏差値は学生の実力を測る目安として大手を振っているが、その安易な使用には注意する必要がある。まず、先に述べたように問題の難易に応じて成績分布が必ずしも正規分布にならないことである。成績上位のものばかりに偏っていると、そう悪くない点数であっても順位付けが低い（偏差値が小さい）と判断されてしまうからだ。逆に、成績下位のものばかりに偏っていると、あまり良い成績ではなくても順位付けが高く（偏差値が大きく）なる。統計をとるサンプル（生徒数）が少ないと、特にこの偏りが生じやすいので意味がなくなってしまうのだ。また、一〇倍して五〇を足すという操作をしているから、ほんの小さな順位差であっても偏差値の数値の差が大きくなるという問題点もある。一〇点以下の差違なら誤差の範囲だから、そう気にすることはないのである。

物理の話題に戻ろう。すべての物質（ここでは気体や液体を考える）は多数の分子（原子）の集合体である。分子はごく小さいから、たとえ一グラム（一cc）の水であってもそこに含まれる分子の数は、一兆個×一兆個近くにもなる。個々の分子の運動は決まっているが、物質の状態（温度や圧力）を調べるためこんなに多数の分子すべてを追いかけるわけにはいかない。そこで、物質を構成する多数の分子を統計的に処理して、平均的な量を計算しようということになる。

個々の分子は熱運動によって勝手な速度で運動し互いにぶつかり合っているから、速度は常に変化している。しかし、熱平衡状態では圧力や温度は決まっているから、分子は絶えず入れ替わっているが、分子集団の速度分布そのものは変わらないと考えてよい。そのような速度分布の下での分子一個の運動エネルギーの平均値が温度に対応することがわかった。また、圧力は、個々の分子がぶつかり合うときの運動量変化に、単位時間当たりにぶつかり合う回数をかけた量で、多数の分子で計算するとやはり運動エネルギーの平均値に比例する。これにより、単位体積当たりの圧力が温度に比例するというボイル＝シャルルの法則が自然に理解できることになる。経験的に知られていたボイル＝シャルルの法則が、系を構成する多数の分子の平均的挙動として証明できるのである。これを**分子運動論**という。

では、分子の速度分布はいかなる形で表されるのだろうか。まだ原子論が確立される以前に、マクスウェルは速度分布がガウス型であることを証明した（図4－6）。二個の分子が弾性衝突（衝突の前後で全エネルギーが保存される）をする場合について、最も一般的な速度分布はガウス型の関数となることを示したのだ。さらに、力が（例えば重力が）働いている場においても、エネルギー保存則から同じ速度分布になることを証明したのがボルツマンで、**マクスウェル＝ボルツマン**分布と呼ばれる。ただし、まだ量子論が知られていない時代であったから、この速度分布は古典力学に従う粒子（古典粒子）にしか適用できない。少数の分子の統計をとる場合には、分子の統計性を取り入れた量子論効果を考慮しなければならない。

量子論効果とは、同じ種類の古典粒子はそれぞれ区別して運動と軌道を追うことができる

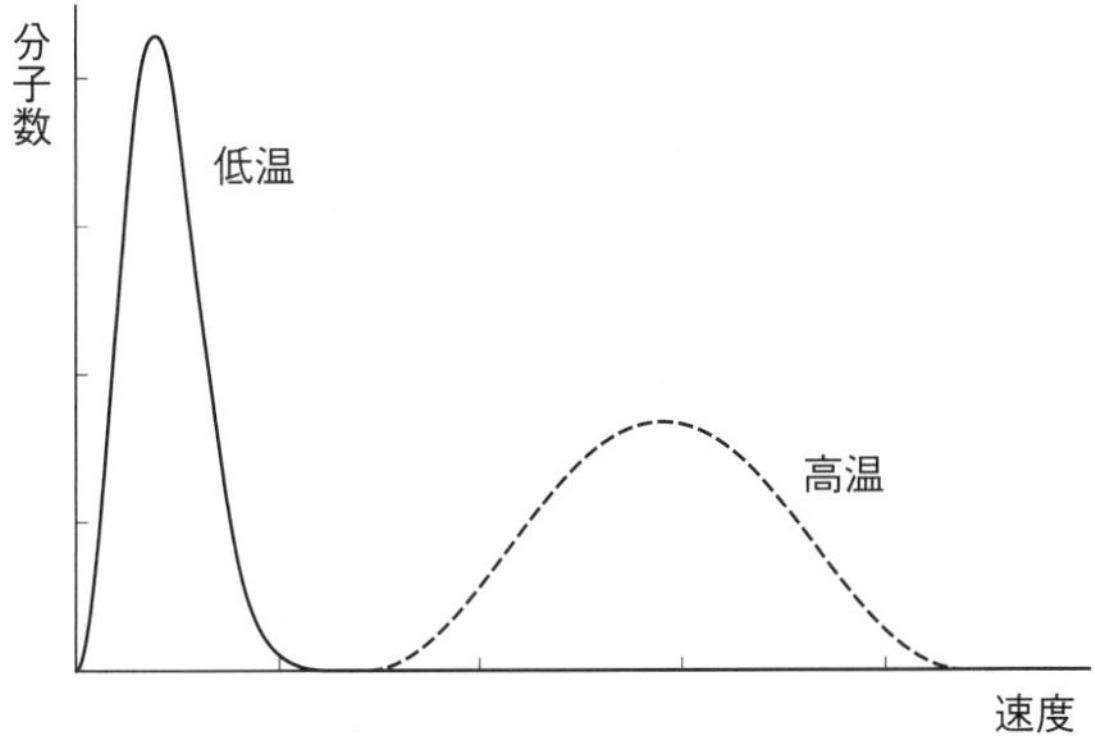

図4－6　気体分子の速度分布

が、量子論では不確定性原理のために個々の粒子を別々に追いかけて区別することができないということである。二個の粒子が異なった位置と運動量を持っているとき、その粒子を入れ替えると古典粒子では区別できるとするが、量子論では区別できずに全体の波動関数で記述することになる。

そこに、七二ページで導入した量子論でしか出てこない粒子のスピンを考慮すれば波動関数の形が制限されて、状態を占める数が異なってくる。電子のような半整数のスピンを持つ粒子（フェルミオン）では、同じ量子状態には一個しか粒子の存在が許されないというパウリの排他律が働くのだ。このような場合には、完全に自由な衝突ではない。衝突後に行き着く先に既に粒子が存在している場合では、たとえエネルギーや運動量が保存されていても、そのような衝突は禁止されることになる。このような場合の粒子の速度分布は**フェルミ＝ディラック統計**に従い、マクスウェル＝ボルツマンの分布からずれる。

逆に、光子や中間子のような整数スピンを持つ粒子（ボソン）は、同じ量子状態にいくつも詰め込むことができる。そのような場合には、**ボーズ＝アインシュタイン統計**に従い、やはりマクスウェル＝ボルツマン分布からずれるのだ。粒子の統計的な性質が速度分布関数としてもろに現れるのである。

速度分布関数はある速度幅内に存在する粒子の数を表すが、全体の個数でそれを割るとある速度幅内に粒子が存在する確率を表すことになる。従って、これを**確率分布**ということもある。一般に、観測するたびに異なる物理量（たとえば分子の速度）が得られるけれど、各々の結果が現れる確率が明確に定義できる場合を**確率事象**といい、その物理量をとる確率を与えるのが確率分布（たとえば速度分布）である。物理量の全領域で確率分布を積分すると一になる。

正規分布は代表的な確率分布で、**ランダムウォーク**がこれに当たる。ある一点から出発して、左右の方向いずれかに同じ1／2の確率で一歩進み、しばらくするとまた左右のいずれかに同じ確率で一歩進むという過程をN回繰り返す場合である。酔っぱらいがふらふらと左右に揺れながら歩く場合に似ているので**酔歩問題**とも言われる。この場合、始めにいた地点を中心（平均値）として正規分布になり、その分散（どれくらい左右にずれているか）は、繰り返し回数Nの平方根と一歩進む歩幅の積になる。同じ方向ばかりに進むとNに比例するが、ランダムに動くからNの平方根に比例するのである。

他にもさまざまな確率事象があって、それに応じた多種多様な確率分布が存在する。最も簡単なのが**一様分布**で、物理量のある範囲（a、b）の間ではすべて同じ確率となる場合である。どこかで確率が高くなるという条件がないなら、いずれも等確率とするしかない。宝くじではどの番号も対等だから、すべての番号について一様分布になっているはずである。宝くじではどの番号も対等だから、

あるいは、**三角分布**というものもある。範囲（a、b）の真ん中で最大の確率になり、その前後では確率は小さくなるケースだ。XとYが0から1の間で一様分布である場合、これを足し上げた$X+Y$の分布は0から2の間で三角形分布になる。同じ一様な確率分布でも二つ合わせると異なった確率分布になるのである。

指数分布は面白い性質を示す。放射性同位元素はある一定時間（半減期）で半分が崩壊して別の元素に変わるが、その崩壊量を示すのが指数分布である。このとき、時間がいくら経っても単位時間あたりに崩壊する割合は変わらない。過去にどれくらい崩壊したかは関係しないのである。だから、指数分布は**記憶喪失の分布**とも呼ばれている。三角分布の変形として、中間点まで指数関数で増加し、中間点からは指数関数で減少する場合を**ラプラス分布**という。確率分布は確率への条件次第で多様な変形が可能なのである。

ベルヌーイ試行という確率事象がある。一回の実験で成功か失敗かのいずれかしか起こらず、成功の確率をp、失敗の確率をq（$=1-p$）とし、何回実験しても確率が変わらないというもので、宝くじを買う場合がこれに当たる。一回だけの試行で成功（または失敗）する確率分布を**ベルヌーイ分布**と呼び、これを一般化しn回の試行を行って、そのうちk回成

功する確率は簡単に求められる。このときの確率分布が**二項分布**である。二項分布は、nが非常に大きく（宝くじを何回も買う）、pが非常に小さい（一等にはほとんど当たらない）極限の場合には**ポアソン分布**になり、平均値も分散もλ（$=np$）になるという特性がある。ポアソン分布は、稀にしか起こらない現象（たとえば放射性元素の崩壊）が、ある一定時間内に起こる確率を記述するのに使われている。さらに確率変数が平均λのポアソン分布に従うとき、その平均からのズレの確率分布は平均がゼロ、分散が一の正規分布に近づくことが知られている。

このように統計的な手法は、数多くのデータを整理し、平均的性質やそこからのズレを計算して全体的な特徴を明らかにしようというもので、複雑な現象や多様な要素が入り交じった現象を整理するのに実に有効である。しかし、個々の特性を議論しているのではないから、平均がそうだからといって個々人に当てはまると考えてはいけない。

例えば、男性は平均的に逞《たくま》しいのだからお前もそうでなければならないとか、女性は一般に数学が弱いのだから君は理数系に向いていないと断じるような使い方は間違っている。男らしさとか女らしさは平均的な統計によってはいるが、人間にはそれぞれ個性があり、そのような確率分布通りということにはならないのである。統計より個性なのだ。統計的処理が有効であるのは、個々の物質に特性がない無機的自然であるということを十分心しておかねばならない。

第５章　自然の論理と人間の思考

本書でまとめてきた物理学の原理・法則・原則などの由来を、自然の論理によって生み出されたものと、自然に対峙する人間の思考によって創出されたもの、その二つの範疇に分けて論じてみたい。以下で前者の副題を「多様な可能性からの自然の選択」としたが、物質世界には無限と言っていいくらいの組み合わせがあるはずなのに、現実に実現されているものは有限である。そこには、自然そのものが自らに課している秩序の法あるいは選択則があるはずで、そこに自然の論理を見出そうという意図がある。

一方、後者の副題を「多様な可能性からの人間の選択」とした。人間の思考の方法や習性や様式によって必然的に被る限界があり、その範囲内に自然の法を閉じ込めている可能性があるからだ。さらに、脳の構造からくる科学的合理性についての規範があり、また人間が生来的に持つ好悪・愛憎の念に囚われ、感覚器官を満足させ得る感度の範囲もあって、知らず知らずのうちに科学的命題への選択に偏りが生じている可能性もある。

とはいえ、実際のところは、自然の選択か、人間の選択か、の二つの範疇のいずれに分類すべきか迷うし、そもそもいずれかに明確に分けられるのか、それ以外の要素もあるのではないか、というような疑問が湧いてくるから、二つに分けるのは恣意的であることは疑いない。それらを念頭に置きながら、物理学で見出されてきた原理や法則が、自然そのものに由来するのか、人間が生み出した創造物なのか、いずれに根源があるかを考えるのも面白いのではないだろうか。

自然の論理——多様な可能性からの自然の選択

基本物質・力・構造・反応性

物理学は、その名の通り、物（物質）に貫徹している理《ことわり》を研究する学問で、かつては窮理学（あるいは究理学）と呼ばれた。ある自然現象を目前にしたとき、その現象はどのような基本物質に担われているか、をまず考える。物質とは質量なりエネルギーなりを持って運動する実体のことで、誰に対しても共通した物理量を持つことで区別・認識できる物体である。幽霊や霊魂やオーラや神仏のような霊的なものは、各人が勝手に性質を付与でき、実測できる物理量を持たないから物理学の対象ではない。

私たちが認識している物質構造の系列は、実は三つしかない。

(A)一つは〈原子の系列〉で、サイズが一億分の一センチメートルの原子から半径六〇〇〇キロメートルの地球まで（分子・高分子・生物体・彗星・惑星）と幅広いが、どれも平均密度が一立方センチメートル（㎤）当たり一グラムで特徴づけられる。私たち自身を含めて、人間世界を取り巻く物質世界である。

(B)もう一つは〈クォークの系列〉で、サイズが一〇兆分の一センチメートルの核子（陽子・中性子）からウランなどの諸種の元素、そして半径が一〇キロメートルの中性子星まであり、平均密度が一立方センチメートル（㎤）当たり一億トンで特徴づけられる。原子の中心部に位置する原子核の世界である。

(C)最後の一つは〈天体の系列〉で、前二者のようにこの系列を特徴づける一定の密度はないが、その密度は天体の半径の2乗に逆比例する（質量が半径に比例する）という関係が成立している。月・地球・太陽・恒星など宇宙に存在する諸種の天体の世界である。

この三つの構造系列は、物質を引き付けるように働く引力（相互作用）が三つしかなく、その力の到達範囲に特徴的である。*

構造の系列	働いている力	力の到達範囲
(A)原子の系列：	クーロン力（電磁相互作用）	1億分の1㎝で遮断される
(B)クォークの系列：	強い力（強い相互作用）	10兆分の1㎝にしか到達しない
(C)天体の系列：	重力（重力相互作用）	無限遠まで到達できる

である。つまり、自然界に存在する物質構造の系列は物質間に働く力（基本的相互作用）の

性質で決まっており、ここでは詳しい説明は省略するが、各物質構造の特徴（平均密度、構造の成分、反応性など）はその基本的相互作用（電磁力、強い力、重力）の性質で過不足無く証明できる。

自然界には多種多様な物質が存在していて複雑なように見えるが、以上のように整理すると三つの構造系列が存在するだけで、実に単純であることがわかる。これは自然界に到達距離が異なった三つの引力しか存在しないためだから、自然が選択した結果であることは明らかで、「自然は単純さを好む」のは確かなようである。

統一からの分岐

とはいえ、では、なぜ自然界には三つも相互作用が存在するのか、という疑問が生じる。もし真に単純であることを好むなら、ただ一種類だけでよいではないか、と思われるからだ。そこで、本来は一種類なのだが、環境条件に応じて三つに枝分かれ（分岐）してきたのではないのか、と考えればどうだろうか。例えば、非常な高温状態では水は気体の水蒸気になってしまい一種類のみなのだが、温度が下がるに従い液体の水になり、さらに温度が下がると固体の氷となる、というふうに温度（環境条件）の変化で異なった種類の状態が増えてくる。これは、物質（分子）の存在状態が温度とともに気体・液体・固体という三つの相に変化するためで「相転移」と呼ばれている現象である。物質構造としてはどの相でもH_2Oで同じ水分子なのだが、その運動状態（分子間の相互作用）が異なるためである。

この相転移と似た発想で、非常な高エネルギー状態では基本的相互作用は一つであったのが、エネルギーの低い状態に移行するにつれて三つに分岐したと考えればどうだろうか。つまり、私たちが相手にしている現在の物質の状態は、エネルギーの低い、すでに三つの基本相互作用に分岐して三つの物質構造の系列が生じている状態とするのである。水の相転移とのアナロジーで言えば、エネルギー（温度）が高い状態では分子の区別がつかない（高温の水蒸気で分子間の区別がつかない）が、エネルギー（温度）が下がるにつれて分子の区別がつく（低温になるにつれ水や氷へと分岐する）と考えるのだ。

ここの説明は身近な相転移を引き合いに出しているが、そもそもは相互作用についての詳細な考察から生み出されたものである。その第一歩は湯川秀樹が最初に提案した（一九三五年）、原子核内部で働く強い力は、原子核を構成する核子間に中間子（現在ではグルオンと呼ぶ「力を媒介する粒子（ゲージ粒子）」が交換されることから生じる、というアイデアにある。粒子の交換によって物質間に力が働くというこの原理を一般化して、電磁力は光（ゲージ粒子がフォトン）、弱い力は弱中間子（ウイークボソン）、重力は重力子（グラビトン）の交換によって生じているとすれば、すべての相互作用を同一形式（これをゲージ理論という）で記述することができる。そして、力の強さや到達距離や反応性は交換されるゲー

＊自然界にはこの三つの力に加えて、もう一つベータ崩壊などにおいて働く弱い力（弱い相互作用）が存在するが、この力は引力成分を持っていないから、対応する物質階層は存在しない。

ジ粒子の性質（質量や電荷など）で決まっているとするのである。例えば、力の到達距離はゲージ粒子のコンプトン波長程度と推定することができる。このように相互作用を一つの統一された形式で表現するゲージ理論は見事に実験によって確かめられたのである。

粒子のエネルギー状態とは運動エネルギーの大きさのことだから、それが大きくなって粒子の静止質量エネルギーを圧倒すれば、静止質量を無視できるようになる。つまり、力を媒介するすべてのゲージ粒子の静止質量が無視できるくらいの超高エネルギー状態になると、ゲージ粒子の質量はゼロと見做してよい。このとき、すべての相互作用の到達距離（コンプトン波長）は無限になり、作用する力の大きさも同じになってしまう。こうして相互作用の区別がつかなくなり、相互作用が一つに集約されてしまうのである。

整理して言い直そう。宇宙の初期は超高エネルギー状態であり、力を媒介するすべてのゲージ粒子の質量が無視できるから、すべての相互作用は強さも到達距離も反応性も同じになって物質の区別がつかないことになる。物質世界は一つの状態に統一されていたのである。エネルギーが下がるに従って力を媒介するゲージ粒子の質量が無視できなくなり、強さや到達距離が異なった相互作用として区別できるようになる（分岐する）。その分岐に応じて、それぞれの相互作用に特有の物質構造の系列が生じたというわけである。

以上のようなストーリーで、自然界がエネルギー状態に応じて姿を変えてきた、というダイナミックな描像が描かれるようになった。統一状態が分岐し、物質構造が区別のない状態から区別ができる状態へと変化してきたと考えるのである。自然を変化のない固定した対象と考える静的な自然観が、エネルギー状態とともに姿を変えるという動的に変化する自然観へと変遷してきたのだが、それはとりもなおさず自然そのものが秘めている物質の存在の論理と言えるのではないだろうか。自然自身がエネルギーの大きさに応じて相互作用の性質の選択を行ってきたのである。

極限的世界の純粋性

超高エネルギー状態ではゲージ粒子の質量が無視できるようになるという仮定は、ゲージ粒子のみに限らず、すべての素粒子が質量ゼロの粒子と同じ振る舞いをするとしてよいだろう。超高エネルギーの極限的世界では質量がゼロの素粒子集団を扱えばよいことになる。質量ゼロの素粒子とは光と同じだから、すべての素粒子が決して静止することなく、常に光速で飛び交う状態になるというわけだ。それだけでなく、相互作用もみんな同じになるのだから、どの素粒子も反応によって区別することができなくなってしまう。低エネルギー状態では、電子や陽子や中性子などと区別できる基本物質もすべて光子と同じ振る舞いをし、同じ相互作用をするのだから、それらから構成される世界は、いわば無味・無臭・無色・無音の一つの純粋状態になってしまうと想像される。

宇宙が誕生した直後は、このような超高エネルギー状態が実現されていたと考えてよいだろう。宇宙は全く純粋な一つの極限状態から出発したのである。そして、宇宙の膨張によってエネルギーの低い状態へ遷移するにつれ、素粒子の区別がつき、さまざまな状態が入り交じった多様な集団へと進化してきたと考えられるのだ。生物の進化が単純な単一種から多種多様な種へと分岐してきたように、宇宙も一つの極限状態から、多種類の素粒子が混在して異なった相互作用をする状態へと分岐してきたのである。物質世界も生物と似通った進化の道を選択してきたと言えるのではないだろうか。

原理的世界は対称で唯一、現実世界は非対称で唯一

以上のことを言い換えると、極限世界は唯一で単純化の原理がそのまま貫徹されているのに対し、現実に私たちの周囲に実現されている物質世界は多様で複雑に展開している、ということになる。これを対称性の言葉で言えば、一五九ページで論じたように、対称な（区別がつかない、二つが重ね合わせられる）原理的世界と非対称な（対称性が破れた、区別がついた、二つが重ね合わせられない）現実世界と言い換えられるだろう。

原理的世界は最も原初的な状態であり、すべての可能性が唯一つの状態に、同じ重みで内包されているが故に、すべての状態が実現でき、どの選択も同等である。これに対し、現実世界は対称性が破れて最後に到達した状態のことで、存在し得た可能性のうちの一つのみが現実化した結果であり、その意味で唯一である。なぜその一つが選択されたのか、偶然なのか必然なのか、結果だけを見ていてはわからない。私たちはただ必然として受け入れるしかない。異なった現実世界が多数併存しているとしても、私たちが経験し得る現実世界はこの一つのみであるからだ。

こうして見ると、原理的世界（原初的状態）と現実世界（到達した状態）のいずれもが唯一なのだが、その意味は根本的に異なっている。原理的世界は無限の可能性を内包しているがために唯一であるのに対し、私たちが経験している現実世界は最終的に選択された結果としての唯一であるからだ。この二つの唯一の世界の中間には、非対称で無限個の状態が併存する世界があると考えられる。

素粒子論の研究は、原理的世界に存在し得た無限個の状態を内包する唯一から、いかなる選択・過程・分岐を経て現実世界の唯一へと到達したかを調べ続けていると言えるかもしれない。実際の研究ルートはその方向を逆にして、さまざまに分岐を経た非対称な低エネルギー状態の現実世界から出発して、エネルギーが上がるにつれてどのように対称性が回復し統一した状態に近づき、最終的な超高エネルギー状態になるに従い、どのような経路で原理的な唯一の世界に到達するかを研究しているのである。

統一を目指しての普遍化への歩み

つまり、物理学者は、現実世界の記述が全く異なった原理や理論形式に依っているけれども、それらを一つの側面の別々の顔だとして統一する試みを行い、その試みを積み重ねることによって、いずれ完全に対称な統一された原理的世界に行き着くであろうとの思いを抱いて研究していると言える。

この場合、とりあえず似た二つの概念を採り上げ、両者を含みこむような拡張された一つの概念として整理するという試みが出発点になる。全く別物であったはずのものなのだが、実はそう思い込んで誤認していただけで、概念を少し拡張するだけで同じ分類・範疇に入ることがわかるという場合がある。あるいは、自然はそれぞれの現象に対して異なった対応を取っているように見せながら、実際には根底で共通した扱いをして手抜きをしているということも往々にしてあるだろう。それらを暴いて、自然の狡猾さと巧妙さを言い立てて鼻を高くしているのが物理学者なのかもしれないが、それは自然が物理学者を飽きさせないための囮なのかもしれない。それに乗せられて、統一できるのだとの信念の下に日々努力しているのも物理学者なのである。物理学における統一の歴史を少し整理して振り返ってみよう。

一六二〇年　ガリレオ　慣性系では力学法則は同じである
一九〇五年　アインシュタイン　慣性系では物理学の法則はすべて同じである
一九一五年　アインシュタイン　加速系においても物理学の法則は同じである

基本的には、物理法則はそれを記述する座標系の採り方によらず同じ形式で表されることを述べたもので、「相対性」の考えが深化し統一されてきたのである。
まず最初にガリレオが、一定の速度で動く慣性系から見れば力学の法則はすべて同じに表せる（「ガリレオの相対性原理」）と述べた。座標系が異なると物体の運動は異なって見えるが、座標を変換（ガリレオ変換）すると同じになることから、慣性系である限り力学運動は同じであると言明したのである。地上でも、一定の速度で動く船の上でも、投げ上げた石の運動は同じであることを証明してみせた。

アインシュタインは、慣性系では力学の法則だけでなく、物理学の法則すべてが同じように記述できると言明した（「特殊相対性理論」）。それを可能とする座標系の変換則が「ローレンツ変換」で電磁気学の方程式は普遍であったが、力学の方程式は修正が必要になった。これによって、$E=mc^2$、つまりエネルギーと質量は同じで互いに行き来できることが証明され、物体の速度の上限は光速であることも示された。

さらにアインシュタインは慣性系のみに限らず、加速運動をする座標系であっても物理法則は同じ形式に表現できるとの「一般相対性理論」へと発展させた。この場合の理論の中心テーマは、必然的に導かれる重力の取り扱いで、重力質量＝慣性質量を原理として採用することによって、重力を時空の幾何学として記述することに成功したのである。この理論からブラックホールの存在や重力が光線を曲げる重力レンズ効果が予言され、宇宙の運動に適用して宇宙膨張の概念が導出された。

ここで言う「相対性」とは、物理事象は相対的であって絶対的ではない、つまり座標系をどう選んでも同じ（統一した）形式の記述ができることを意味する。その結果、この要請は「相対性原理」として、物理法則（方程式）はいかなる座標系に対しても共変形で書かれねばならないという拘束条件として機能するようになった。理論形式の統一と言える。そして、理論が統一されるにつれより多くの現象に適用され、より豊かな内容をはらんでいることがわかったのである。

一六八七年　ニュートン　万有引力によって天と地の運動を同じように記述する
一八六五年　マクスウェル　電気と磁気はコインの裏表で互いに入れ替わることができる
一九七二年　ワインバーグ、サラム、グラショウ　弱い力と電磁力の統一

物質間に働いている力（基本的相互作用）は、調べる物質によってそれぞれ異なっているように見えるが、実は同じである（統一できる）ことが示されてきた。

最初はニュートンが、月という巨大な物体の塊である宇宙スケールの天体の運動も、リンゴが木から落ちるという小さなスケールの地上での運動も、同じ万有引力の下で生じていると見抜いたことに始まる。多様で全く異なった現象に見えるが、実は一つの万有引力によって統一して扱えることを示したのである。

これと似ているのがマクスウェルの電磁気学で、それまで別物とされてきた電気（琥珀が髪の毛を引き付ける）と磁気（磁石が鉄を引き付ける）の二つの力が同一の原理によって生じていることを示した。また、電流（電気の運動）が流れると磁場（磁気の影響が空間に広がる）が生じ、磁場が時間変化すると電流が流れるというファラデーの実験結果を総合し、電気と磁気が対称で互いの発生源となることを記述した電磁場方程式（マクスウェル方程式）として統一した。

さらに、先に述べた超高エネルギー状態になれば、弱い力を媒介する粒子である弱中間子の静止質量が無視できるようになって光子と同じ振る舞いをするようになり、電磁力と弱い力の区別がつかなくなる（統一される）ことを述べたのがワインバーグ＝サラム理論である（グラショウも独立して提唱した）。これは実験によって証明され、相互作用がエネルギー状態に応じて変化することが実証されたのである。

これに味を占めて、弱い力・電磁力・強い力の三つを統一する「大統一理論」が提案され、さらに重力まで加えて四つの力すべてを統一する「究極の理論」まで提案された。これに加えて、ボソン（スピンが整数のボーズ粒子）とフェルミオン（スピンが半整数のフェルミ粒子）をコインの裏表のように統一する「超対称理論」が提案され、というふうに野心的な統一理論が次々と提唱されているが、いずれも現在では到達できない超々高エネルギー状態でしか実証できないので、試案（思案）のままで止まっている。

一九二六年　ハイゼンベルク、シュレジンガー、ディラック
　　　　　　ミクロ世界の波動性と粒子性の統一（量子力学の完成）
一九四五年　朝永振一郎、ファインマン、シュウィンガー、ダイソン
　　　　　　量子論・相対論・電磁気学の統一（量子電磁気学の完成）

ニュートン力学が正しく成り立つのはマクロな物質の運動であり、これを古典力学と呼

ぶ。ところが、二〇世紀に入って研究が進んだ電子や陽子や原子などのミクロ世界の物質の運動には古典力学は適用できないことが明らかになり、新たな力学理論が模索されることになった。電子や陽子などのミクロ物質は、波動性（物質やエネルギーの分布が広がっている）を持つとともに粒子性（物質やエネルギーが狭い場所に集中している）という互いに矛盾した性質を示し、その両側面を統一した記述にしなければならなくなった。

そこに登場したのが量子力学で、粒子性に着目したハイゼンベルクは行列力学を提唱し、波動性に着目したシュレジンガーは波動力学を提唱した（二つの力学が対等であることもシュレジンガーが示した）。粒子性と波動性を統一すると不確定性原理から、位置と運動量、エネルギーと時間という、互いに対になった物理量を同時に決定することができなくなる。このため位置も運動量も同時に決定できる古典力学による記述ができず、確率でしか計算できなくなった。ディラックは電子の量子的運動の相対論的な記述に成功し、物質と反物質が対等に存在し得ることを示した。

こうしてミクロ物質の運動法則が明らかになったのだが、量子力学に従う電子や陽子は電荷を持っているからマクスウェル方程式に従わねばならず、それらは相対性原理も満たさねばならない。そこで光と物質の相互作用（電磁気学）を量子論の立場で記述して、相対論の要請も満たす量子電磁気学理論が研究され、朝永、ファインマン、シュウィンガーの三者が独立して別々の理論形式で発表したのである。三者の理論が全く対等であることを示したのがダイソンで、近代科学の一つの完成形を与えたと言われる。実際、この理論によって計算した電子の磁気モーメントの値は一〇桁の精度まで実験結果と一致しているからだ。

現在、物質の根源を突き詰めて、質量を持つが大きさがゼロの「点」の粒子から、大きさが広がっているヒモとか膜の運動として捉える理論が提出されている（例えば「超ひも理論」）。大きさを仮定すると、新しい運動モード（振動、回転、揺動、秤動）が生じて多様な運動を記述できるようになるが、相対性原理の要請を満たしたり物理量の発散を消去したりするために複雑な理論（例えば、一一次元空間の理論）にならざるを得ず、まだ完成にはほど遠い状態である。最終的な統一理論は遥か彼方としか言う他ない。

数学の成功

フィボナッチ数列という、1, 1, 2, 3, 5, 8, 13, 21……という数の列がある。第一項と第二項を1として、以後は前項と前々項の和を取った数字で定義されている。一三世紀のピサのレオナルドと呼ばれたフィボナッチ（彼はアラビアからヨーロッパに0をもたらした人物である）が、「最初に一対の兎を置き、毎月、各対が新しい一対を生み、その対は二ヵ月目から同じように子を産むようになる」とした場合の、各月ごとの対の数を表したものである。

このn番目の数を（$n-1$）番目の数で次々と割っていくと、やがて黄金比に近づくことが知られている。黄金比（黄金分割）は、ペンタグラム（五線星形、正五角形）の辺の比が黄金比になっていることや、パルテノン神殿など多くの建築物に採用されており、私たちがそこに美を感じることが知られている。ただの数値であるのに、それが人間的な要素を隠し持っていて「数秘術」の格好の材料なのである。例えば、パイナップルの鱗片の斜列の巻き方は等角ラセン（中心からの距離に比例したピッチでラセンが巻いている）で黄金比と関係がある。また、ヒマワリの小花がラセン状に成長しようとする中心の茎のまわりに対の葉があって対の葉の角度を円の比として表すなら、1/2, 1/3, 2/5, 3/8, 5/13, 8/21……というふうにフィボナッチ数列の交互の要素として表される。つまり、数学上の規則が生物世界に実現しているのである。

このように、元来は数学的な関係でしかなかったものが、現実の物質構造として実現しているケースが多数ある。フィボナッチ数列の実際例はまだいくらでもあり、自然は数学を知っていると言ってよいかもしれない。そこで逆に、何らかの法則性を数式や数列で大胆に表現し、現実がそれに合っているかどうかを調べるという研究の方法もあり得るかもしれない。通常は物質世界の規則性を数式で表現するのが物理学の研究と考えられるが、反対に数学的法則をあれこれ作り上げ、それに合致する現実があるかどうかを検討するというわけだ。

それはあまりに人為的過ぎると思われるかもしれないが、そのような研究手法を採った人物がいる。それはケプラーで、彼は数秘術的な関係をいくつも作り上げて、現実の惑星系の構造に合うかどうか（合わせられるかどうか）を調べているのだ。惑星運動のケプラーの法則はその一つで大成功したのだが、一〇を超える失敗した数式を考案している。その一例として、存在を知られている正多面体が六個であることと惑星が六個存在していることを対応させ、正多面体の大きさと軌道半径の関係を求めるという「野心的な」試みがある。

ガリレオが物理法則を数学で表現すべきであると述べて以来、物理学は数学を使った定量的表現であるべきとされるようになった。数学的に表現しておけば、いろいろな異なった条件下でどう振る舞うかとか、極限状態はどうなるかなど、数式を調べることによって、より広い状況での解の性質を調べられるようになるからである。さらに、数式を一般化すれば、異なった条件下で解がどう変化してゆくかが調べられ、自然が選択した、あるいは自然が持ち得る、より広い可能性を見出すことが可能になるという良さもある。こうして、法則の記述において数学を採用したことによって物理学が成功したのは疑いない。自然が秘めている幅広い可能性を調べ尽くすことができるからだ。ただし、そこで使われている数学が果たして自然がカバーする範囲をすべて覆っているかどうか確かめてみなければならない。人間が恣意的に創り上げた数学だから当然限界があり、人間の思考が選択した世界に自然を閉じ込めようとしているかもしれないからだ。「自然の論理」と「人間の思考」が絡み合う状況を考えてみよう。

簡明さと審美性

私たちが物理理論の良し悪しを判断する上で、それが可能な限り簡明に表現されているか、その理論は美しいか、の二点を気にかけることが多い。これらは人間の感性に由来する判断だから「自然の論理」ではなく、「人間の思考」の範疇に入れるべきだと言われるかもしれない。しかし、「自然はＸＸを好む」として、「ＸＸ」のところに「簡明さ」そして「美」という言葉を入れると、そのまま違和感なく受け入れられるのではないだろうか。これらは自然のすばらしさを特徴づける表現でもあり、自然はこれらにマッチする対象を選択していると考えられるからだ。では、この二点について物理学者たちが現実にどう対処してきたかをまとめてみよう。

イギリスの著名な物理学者であるゴールドがアインシュタインと会見する機会があったとき、自分では気に入っていて自信のある方程式を彼に示して、「どう思われますか？」と問うた。アインシュタインは方程式を眺めてしばらく沈黙した後、「なんとまあ汚い」と述べたのみであったという。アインシュタインの物理観は、理論は多くの状況に対応し得る普遍性を含んでいる上に、簡潔に表現されていなければならないというものであり、前者は満たしていたが、後者の審美眼の基準には合格しなかったのである。

これはアインシュタインだけでなく、すべての物理学者が共有している理論の良否の判断基準であり、数少ない仮説の下で／可能な限り簡潔な表現で／普遍的な意味を内包する理論、そんな理論こそが最高であると考えている。これを「オッカムの剃刀」と言う。それはその理論の真実性（真贋）を保証しているのではないけれど、「普遍にして簡潔」という基準を満たさなければ真実に遠いと思ってしまうのだ。実際、自分が考案した長々とした方程式について、自分ながら正しいと思えなかったという経験がある。自然はムダをしない、自然は節約をする、自然は饒舌ではない、自然は単純を好む、という「オッカムの剃刀」の判断基準（精神）を正しいとする感覚が働いているためで、その感覚が正しいという先見的理由はないが、やはり真実はそういうものだろうと思ってしまう。

実際、これまでの物理学の歴史はその感覚が当を得ていることを証明してきた。最小作用の原理は、自然は作用が最小となる経路を採るとする原理であり、古典力学や量子力学はこれに従って組み立てられている。なぜ、この原理を採用すべきか証明できないのだが、物理学の指導原理として正しいことを認めざるを得ない。最も単純で簡明であるからこそ、最も多様な展開が可能となるのだろうか。

私たちが「オッカムの剃刀」と言っているのは、自然は虚飾を好まないという単純化の原理のことであり、これまでに成功してきた理論の基本方程式の美しさとして表現されていると言えるかもしれない。ここで「美しさ」という、論理的ではなく感性的な言葉を使ったが、人間は美しいものを見ると楽しさを感じるものである。だから、提案された理論を物理学者が見て、直感的に「これはホンモノだな」とか「これはウソ臭いな」と判断するのは、それを見て楽しさを感じるかどうかなのではないかと思う。その感覚こそ物理学者に共通する理論への審美眼の一種であり、まだ詳細を調べていないにもかかわらず、概ね真実を穿っていることを多く経験している。なぜ、そうなのか直ちには説明できないが、審美眼（美的感覚）は物理の本質を見抜く重要な要素なのである。

論文を読んでいるうちに、論理に矛盾や飛躍があって整合的でないとか、些細な部分だが実験事実との食い違いに気づくとか、結論が飛躍している、とかを総合判断するうちにその論文の優劣の理由が明らかになってくる。科学は、出発点である直感の意外性、理論を組み上げる論理性、導かれる結論の強固性の三つが揃って初めて楽しむことができ、それらを満足させないと安心できないのである。逆に言えば、三つの要素が簡潔に表現された論文には美を感じ、要点だけを抜き出したコンパクトな数学的記述を見ると、それだけで科学的真実が記述されていると思ってしまうのだ。

物理学者誰もが一致して美しいと推薦するだろう方程式を挙げておこう。

ニュートンの運動方程式　　熱力学第一法則（熱エネルギー保存則）
マクスウェルの電磁場方程式　　アインシュタインの一般相対性理論
シュレジンガー方程式　　ディラックの相対論的電子の方程式
ボルツマン方程式　　フォッカー＝プランク方程式

いずれも、物理量の時空間における振る舞いを記述しており、余分なものが剝ぎ取られ簡潔にして要なのである。時間についての初期条件と空間についての境界条件を変えることで、実に多様な現象に適用できる。むろん、適用範囲が広いからこれらの方程式が重要と見做し、それ故に美しいと誤認している可能性も否定できない。私たちは、多くの役に立てば立つほど愛おしく思い、そのパフォーマンスの多様さを美と解釈してしまう癖があるからだ。大杉栄は「美はただ乱調にある。諧調は偽りである」と言ったそうだが、方程式の美は

「ただ諧調にある」のである。

物理学者なら誰しもが、自分の名前が付くような方程式を発見したいと望んでいるが、それはほんの限られた天才以外には不可能である。だから、凡庸な私たちは、偉大な方程式をさまざまな現象に適用して、その美をさらに磨き上げるほんの一助をするのがせめてもの役割なのだろう。

人間の思考――多様な可能性からの人間の選択

演繹法と帰納法

科学とは、一方で「自然が見せる多様な現象」があり、他方で「現象を過不足無く説明できる原理や法則」があって、この二つをいかに整合的に結び付けるかについての人間の知的営みと言えるだろう。端的に言えば、「自然現象」と「説明原理」との関係のことで、それを明快に結び付けた言説のことを便宜上「真実」と呼んでいるのである。

その科学の営みには二つの方法があり、一つは「説明原理」から「自然現象」を導く演繹法、もう一つは逆の「自然現象」から「説明原理」へと遡る帰納法である。一般に人間はどちらか一方の思考法を得意としており、科学者個々人はその性格に応じていずれかの方法を採用している。

演繹法とは、自らが普遍的と考える前提（原理、仮説）から出発し、論理を合理的に正しく展開することを通じて、最終的に特殊な結果（自然現象、実験や計算結果）に到達するという理論家が採用する思考法で、数学の証明がその典型である。キャッチフレーズ風に言えば「普遍から特殊へ」となる。アリストテレスが、誰もが承認する公理から出発して現実に生じている諸現象を解釈したことに起源がある。アインシュタインの特殊・一般の二つの相対性理論は、原理と論理の組み立てのみで創り上げた純粋に演繹的方法の産物と言われている。誰もが承認する前提と厳密な論理から得られる結果だから、その結論は承認せざるを得ないわけである。

と言っても、その前提（採用した原理や仮説）が正しいということは必ずしも保証されていない。その多くはこれまでの経験事実と合致しており、それを否定する明確な理由がないから受け入れているだけで、絶対確実というわけではない。私たちの経験はあくまで部分であり、すべてを知り尽くしているわけではないからだ。また、「あらまほしい」とか「あるはずの」とか「あるべき」というような命題が前提の場合には、それをあからさまに否定できないので、うかうかすると導かれる結論までそのまま受け入れざるを得なくなるから用心が必要である。他に「神の摂理」とか「自然の理法」などを前提とされてはどんな結論でも導き出すことができるので、科学で使うべき論法ではない。あるいは説明すべき結果をすでに知っていて、前提に合った現象のみを導き出している可能性もある。以上のように、演繹法に対して注意すべき点がいくつもあって用心すべきであると言っておきたい。

アリストテレスの演繹法は、目的論（自然はその目的を実現するよう秩序立てられているとする立場）で結果と前提が反転していることが多い。例えば、アリストテレスは重い石ほど速く落ちることの説明のために、地球は重い石を好むという前提を置き、それ故重いほど強く引きつけるからとした。あたかも地球に好悪の意志があるかのような前提だが、誰も否定できない。それを疑ったのがガリレオで、彼は重いレンガと軽いレンガを用意し、重いレンガが軽いレンガより速く落ちるなら、二つをヒモで結んで落としたらどうなるかという問題を出した。より重くなるのだからより速く落ちると答えるかもしれないが、遅く落ちる軽いレンガを結び付けたのだからブレーキがかかって遅くなるのではないかと問い返したのである。アリストテレスの前提では、どちらが正しいか答えられない。そこでガリレオは、地球は物体の重さに好悪を持たないはずで、すべての物体は同じ速さで落ちるはずなのだが、空気の抵抗で落下の遅速の差が生じると考えるべきだ、と主張したのであった。

演繹法で採用する前提（原理）を、より一般的なものへと拡張していくことにより、より多様な現象が統一的に捉えられることを、先に述べたガリレオの相対性原理から、特殊相対性原理を経て一般相対性原理への拡張に見ることができる。このように、より広い概念へと拡張すれば、より斉一的に自然を捉えられるという科学の発展から、科学は常に進化途上にあると言える。最終理論は永遠に得られないのである。

もう一つの科学の方法である帰納法は、主として実験・観測的分野で採用されている方法で、個々の特殊で具体的な事象の共通性と異質性を弁別する中で、普遍的な法則や命題や原理を導き出そうとする思考法である。これをキャッチフレーズ風に言えば「特殊から普遍に至る」ということになる。変わった動物・植物・鉱物などのサンプルを多数蒐集して標本とし、共通する性質で分類するという博物学に起源がある。科学革命が進行し始める中で、与えられた条件下での現象の観測・観察に止まらず、環境条件を自ら設定して自然を振る舞わせる実験へと一歩進めたフランシス・ベーコンが帰納法を提唱したと言われる。

具体的な自然を相手にした実験・観測によって得られた事実を足場にしているのだから、その実在性については疑いはない。演繹法のように架空の前提から出発していないだけに、具体的で確実な自然の一部を捉えているという側面で強みがある。より包括的な法則が発見されれば過去の理論は意味がなくなってしまうが、実験で得られた事実（個々の成果）は現象のほんの一部であっても意味を失わない。そして、得られた現象の特徴を整理して普遍化（一般化）させるという手続きを経るから信用度が高い。寺田寅彦はそのことを強調しており、そんな想いで実験家になった研究者は多くいる。

しかしながら、やはり人が行う実験や観測は部分に過ぎず、物理量の考え得る全領域を調べ尽くせるわけではない。異なった状況設定、異なった物理環境、異なった手順、異なった観点、異なった手法、についてすべて完璧に確かめられるわけではない。また、手に入る試料も実験の手段・手法や精度も時代に制約されている。従って、得られた実験結果は部分でしかなく、それを集大成して創り上げた理論も自然のすべてを検証したとは断言できない。部分の現象から得られた法則から、必ず普遍的に適用可能な原理に到達できると断言できる者は果たしているだろうか。

例えば、通常の化学反応実験では左右（左手系と右手系）の対称性を持ったものが同数できてしまうのだが、二〇〇一年のノーベル化学賞ではどちらか一方だけしかできない方法の発見に対して授与された。その方法には酸化法と還元法（日本の野依博士は還元法）があって、それぞれ応用範囲が限られる。その有効性は疑うべくもないが、より簡便でより安価でより応用範囲が広い方法はまだ別にあるかもしれない。現象から原理への道は多くあるのだ。二〇一〇年のノーベル化学賞では炭素同士を効率よく結合させるクロスカップリング法に授与されたが、根岸氏はパラジウムを使って成功し、鈴木氏はホウ素を使ってより応用範囲が広く実用化しやすい方法に改良した。以上のような例から、自然はまだまだ奥深い謎を秘めていて、帰納的方法は私たちの行為が部分に過ぎないことを意識させてくれている。

以上、演繹法・帰納法のいずれも、人間の認識に限界があることを物語っており、「科学ですべてを知り尽くせる」と傲慢になってはいけないとの警告を発していると言えよう。おそらく科学者自身がそのような限界を一番よく知っているはずなのだが、ときに「何でも知っている」かのように振る舞う科学者にお目にかかって文句を言いたくなる。人々も科学の限界をよく心得、科学者や科学の成果を見る目を養う必要があることを強調しておきたい。

分析と総合、あるいは要素還元主義と複雑系

ある現象の原因を追究する上において、その現象を担う物質を同定し、さらにその物質を構成するより基本的な物質に絞り込んで、その運動や反応性に着目して解析する方法を「分

析的」手法と呼ぶ。より基本の物質に的を絞れば（還元すれば）、雑音が少ないために微細な反応でも鮮明に展開し、細部に宿る法則が純粋な形で発現しやすいから、新しい現象がくっきり姿を現すということが多い。この方法は「要素還元主義」とも呼ばれ、提唱したデカルト以来科学の有力な方法として君臨してきた。系を極限状態に追い込んで、少数の基本物質のみの運動に帰させる手法と結びついて多くの成果をもたらしたのである。

例えば、物質を極低温にまで冷やすことによって、超伝導や超流動という常温では見られない新現象が発見された。超低温にすることによって、物質の自由度の思いもかけない状態のみが励起されていることがわかり、その詳細を非常に小さな誤差で観測できたのである。物質を極限状態に追い詰めれば、現象を複雑にする夾雑物が取り払われ、基本的な要素の自由度のみに純化して抽出でき、物理法則を鮮明に洗い出すことができるのである。このように、より根本に遡り、自由度を制限することによって単純化する方法が分析的・要素還元主義的手法なのである。

この手法は、物質の根源を原子に、原子を原子核と電子に、原子核は核子（陽子と中性子）に、核子はクォークに、というふうにより基本の物質に還元することで成功してきた。生命の遺伝物質を、まず細胞の核に焦点を当て、次に核に存在する染色体に求め、さらに染色体をＤＮＡへと分解し、ＤＮＡを四種の塩基の連鎖系列として解読する、というふうに肉薄していったのも同じ要素還元主義の成功例であった。私たちが、ある現象を見てその原因を考えようとするとき、現象の背後に隠れている見えない部分で何が生じているかを考え、問題の要点を基本的要素に分解して考えるのは、その要素の運動や性質や構造に原因を帰して（還元して）説明しようという分析的思考法が身についているためだろう。

むろん、それらの物質の基本要素ばかりでなく、ニュートンの力学法則、マクスウェルの電磁気学、アインシュタインの相対性理論、ハイゼンベルク・シュレジンガー・ディラックの量子力学など、これまで成功してきた物理理論のいずれもが要素還元主義の成果と言える。それぞれ問題とする現象を分析して最も重要な物理量を抽出し、その時間的・空間的変化を記述する方程式を発見してきたからだ。このように要素還元主義は大成功を収めて科学の偉大さを示すことになった。その根本精神である分析的手法は近代科学を支える最重要の橋頭堡となっている。

その結果として、科学はどんどん細分化することになった。分析すればするほど、より微小な現象、より微妙な振る舞い、より微弱な信号、より不確実な挙動が問題となってくるからだ。そして、その原因や理由の解明のために分析をより深めようと、より基本の物質へ、より詳細な構造へ、より極限的な状態へ、と研究を進めていくことになる。このように分析的手法は、ある意味で一直線で進めやすいと言える。より極限の状態を洗い出して肉薄すればよいからだ。こうして、超低温、超高エネルギー、超高精度、超微細、超真空、超高圧、超高分解能など、すべて「超」という定冠詞がつく極限状態へと還元していくことになる。実は、科学が極限に近づくと、ますますそうならざるを得ない必然的な事情に遭遇することになるのである。

その理由を考えるために、例えば物質の温度を下げていく研究を考えてみよう。二〇世紀初頭に、絶対温度三度（三Kと書く。摂氏マイナス二七〇度）まで冷やすことができるようになって超伝導が発見された。そこからさらに温度を下げていき、さらに絶対温度で二Kそして一Kへと下げ、いよいよ〇Kと思うかもしれないが、そうではない。一〇分の一度（10^{-1}K）、一〇〇分の一度（10^{-2}K）、一〇〇〇分の一度（10^{-3}K）……というふうに、一桁ずつ下がっていく（10の肩の部分が、−1, −2, −3……と下がる）のみになる。いくら温度を下げる装置を動かしても、永遠に絶対〇Kには到達しないのである。また電子を加速して光速度に近づけようとしても、光速度の九〇％（0.9c）、さらに0.99c, 0.999c……というふうになるだけで、永遠に光速に達することはない。極限に近づくにつれて物理量は対数的（10の肩の数値が一ずつ変化すること）になっていくのだ。そのため、これを対数的接近と言う。「超」の状態がどんどん詰まっていっても、真の極限には行きつかないのである。そのため、より微細な効果、より微妙な現象を検出するためには、実験設備はより巨大にしなければならず、より高価なものになっていかざるを得ない。分析的手法の先行きは、物理的・経済的限界に遭遇していくと言える。分析的手法の限界が見えているのである。

これに対し、対極的な「総合的手法」が見直されるようになっている。多数の要素から成り、各々の要素が重要な役割を果たし、かつ要素同士が強く結び合う（相互作用する）場合には、分析的手法は有効ではない。そもそも要素ごとに分解して還元すること自体が不可能になるからだ。その典型的な問題は、天候（気象・気候）・生態系・地震・環境・人体・脳などで、多くの構成要素を個々に調べているだけでは全体はわからない。部分の和＝全体ではないからだ。要素間の相互関係を取り込まねば問題を論じることができず、多くの要素が協働して起こる運動が重要となってくるのである。

つまり、全体を総合化し、各要素が互いに影響し合って新しい運動モードが生じる過程の解析が不可欠で、要素還元主義の分析的手法では解き得ない問題を相手にしようというわけだ。これらを「複雑系の科学」と呼んでいる。単純な例を出してみよう。空の雲は、太陽からの光を遮るから地球の温度を下げる働きをするが、他方で地球から放出される輻射を吸収して地表に向かって放射するから地球の温度を上げる働きもする（温室効果）。このように雲は互いに相反する働きをするから、雲の量だけで地球の温度変化を論じることができないことは明白である。周囲の条件次第でプラスにもマイナスにも働くから、環境条件を勘案して気象における雲の役割を論じなければならない。雲だけでなく空気中の微粒子（塵）やイオンの量なども考えなければならないから、どこで切りをつけるか難しくなってしまう。

先にリストした複雑系の科学として扱わねばならない問題は、等身大で（極大の宇宙や極小の素粒子ではなく）、私たちの身辺の現象ばかりである。つまり、私たちが普段相手にしている対象の振る舞いこそ明確にわかっていないのだ。単純化できないために手が付けられず、要素間にさまざまな相互作用があって複雑なため解析方法が見つからないためである。その意味で現代科学が成功したのは、解ける問題、解きやすい問題、解く方法がわかっている問題、に特化してきたためと言えるかもしれない。自然現象のうち解ける見通しがついている問題を、あたかも難問であるかのような顔をして解いて見せて、あれこれ講釈してきたとも言えるかもしれない。現に、地球温暖化の問題とか、気象異変の問題などについて、明快に原因と結果（因果関係）を解明し未来を予測することができないままであるからだ。

複雑系の問題は現代科学がずっと後回しにしてきたこともあって、十分に開拓されていないというのが実情である。ひょっとすると、人間は分析的手法を得意とするが、さまざまな要素を総合して全体像を組み立てるという思考は不得手なのかもしれない。分析は単眼で単純脳でも可能だが、総合は複眼的な視点が不可欠で複雑に機能する脳でなければフォローできないからだ。人類の進化においてそのような観点と脳機能が発達する習練が欠けていたのだろうか。

微分的思考と積分的思考

先の分析的手法と総合的手法は、微分的思考と積分的思考と言い換えることができる。微分とは独立変数のごく微小な変化に対する関数の変化量のこと、積分とは独立変数のある有限幅において関数が採り得る値を足し合わせた全体量のこと、と言えるだろうか。一階微分は直線の傾きの変化、二階微分は曲線の曲がり具合の変化、三階微分は曲線の曲がり具合の変化の変化、……というふうに、微分は一点における関数の微細な変化で決まっており、ローカルに決まった値で細かく分析していくことに対応する。これに対し、積分は関数形の細かな変化には大きく依存せず、独立変数のある幅の間の関数の大きさで決まっていて、グローバルな傾向を全体として足し上げて総合化することと言えるだろうか。

例えば、推理小説の探偵で、虫メガネを使って犯人が残した細かな痕跡をクローズアップして証拠を見つけ出すのが微分型タイプ、安楽椅子に座って犯人と思しき人間の行動様式を俯瞰することで犯罪状況を推理するのが積分型タイプと言えようか。科学の研究は探偵に似ているところがあり、科学者にも徹底して詳細にこだわる分析的視点の微分型と、大まかで幅広く見渡す総合的視点で物理量の大勢を見る積分型がある。いずれが良いとか有利というわけではなく、科学者それぞれの個性でどちらかになっていくのである。

しかし、物理学の基本方程式は、ある時刻での微分方程式で表されているのがほとんどである。その意味で分析的であり、要素還元主義を貫徹していると言えるだろう。とはいえ、過去の履歴に依存した項を含んだ微積分方程式で表されたり、グリーン関数を用いた方々（いろいろな場所や時間）からの、時空を超えた情報を考慮した総合的な記述の有効性も確かめられている。複雑系を表現する方程式には、このような多時間の履歴と広がった空間の影響を積分で組み入れた非線形微積分方程式が主役を演じるようになるのではないかと空想する。そんな難解な方程式はとても簡単に解けそうにないし、そもそもそれ以前に誰もが納得する形で数式表現できるかどうかが問題となるだろう。ともあれ、微分的方法のみでなく、積分的発想も含めて複雑系に挑戦するのには、さまざまな工夫が必要となることが求められる。若い人々の挑戦を期待したいものだ。

直感的と論理的

寺田寅彦は科学と文学の共通性を論じた際に、いずれも創作の最初の段階は直感的な「思い付き」が大事であることを強調している。アイデアの段階での、俗に言う「第六感」や「閃き」、「勘」や「インスピレーション」のことである。「空想」や「幻想」や「夢想」も含まれるかもしれない。むろん、論理性や合理性が科学の命だから、それらを抜きにした科学理論はあり得ないのだが、最初の出発点においては茫漠とした直感的なイメージが先行すると言うのだ。私には「なぜなのか」の理由を即座に説明できないが、なんとなくそう思える。凡庸な科学者に過ぎなかった私でも、思い付きから開始した仕事はいくつもある。

むろんいつまでも「思い付き」の状態にとどまっているのではなく、やがて抱いていたイメージを具体的な物理過程に焼き直し、焦点を絞って理論の形に整備していく作業が後に続く。それが科学者の本業なのである。その作業が進んでモノになるとの確信を持つと、後は間違いのない論理を積み上げて一気呵成に問題の解決に導くことに集中する。そのときには、直感的な思い付きから出発したことをすっかり忘れており、最初から明確なプランに沿って研究を進めたと思い込んでいる、という具合である。私だけでなく、多くの科学者の心的変化はそのようなものではないかと思う。最初から緻密に研究計画を組み上げ、順々に解いていく科学者はむしろ少ないのではないだろうか。

実際、ケクレは馬車に乗ってウトウトしていたときにベンゼン環を亀の甲形にすることを思いついたというし、湯川秀樹は新婚の寝床の中で中間子のアイデアを思い付いたとか、益川敏英は風呂に入っているときにクォークが六個のモデルの啓示を得た、というふうに著名な科学者が成功したアイデアを持ったときのエピソードが多く語られている。いずれも論理的に突き詰めた結果というより、直感とか閃きから得たアイデアが出発点で、それを論理的に鍛え上げて理論に仕上げたということが共通している。不思議なことは、そのアイデアが理屈抜きのものであったにもかかわらず、見事に的を射ていて、極めて論理的・合理的な解決策が提示されていたことである。

これに対する私の仮説は、科学者は頭の中では常に問題の急所がどこにあるかを考え、意識下であれこれ解決策を検討している、というものである。中国の欧陽脩が文章を練るのに最適な場所として三上（馬上・枕上・厠上）を挙げ、乗馬・睡眠・トイレという別の用事をしているときに、ふと名文が頭に浮かんでくるものだと述べている。それと同じで、素晴らしいアイデアも無意識の中で自然に浮かび上がってくるものなのだろう。意識下では絶えず考え続けていて、それが煮詰まった段階にふっと形を取って意識に上るというわけだ。優れたアイデアには秘めたる知的作業が不可欠で、何にも考えていない頭に名案が出てこないのは当然である。

こう考えると、科学と文学を問わず、創作の最初は直感的だとした寺田寅彦の見方も納得されるのではないだろうか。人間は見えざるところで思考を続けており、思い付きは直感的に見えるようだが、根底において論理性を踏まえているのである。

線形と非線形、あるいは直線と曲線

湯川秀樹は窓から外の景色を眺めて「自然は曲線を創り、人間は直線を創る」と述べた。そう言えば、電信柱・家の柱や屋根・田んぼの区画・車や自転車・机と椅子……など人間の手がかかった物はすべて直線の組み合わせになっているのに対し、山の形・川の流れ・草花の葉や花・稲の茎・雲・貝殻・石……など自然に由来する物はすべて曲線の組み合わせで成り立っている。むろん、人間も曲線を扱うことはあるが、車輪・マンホール・万年筆・蛍光灯・電球・時計・硬貨・指輪……など理想的な円や球の単純な形状か直線との組み合わせであり、自然が創る貝殻の形状とか花びらの形のような複雑な曲線とは明確に区別が付けられる。実際、小石が交じった砂利道に碁石を落としたら、その形の違いからすぐに見つけられる。つまり、人間が創り出す形状は基本的にシンプルであり、自然が創り出した微妙な曲線形状は人間の手では簡単に再現することができないのである。

このことは、人間の思考や嗜好に偏りがあり、それに従って自然を模倣しようとするため、人間の行為と自然の造物との間に必然的な差異が生じていると言えないだろうか。そのことが、人間は自然の一部しか切り取っていないと言われる理由かもしれない。そのことを意識すれば、人間の思考の限界を突破するヒントが得られるかもしれない。

二点間を結ぶのが直線なら唯一であるが、曲線にすると無限に存在する。直線であれば人間は唯一の最小距離として理解できるが、曲線で無限に存在すれば何を基準にして選んだらいいのかわからないから人間は敬遠する。物理学では「最小作用原理」とか「光線の通路の最小原理」などの原理を採用して二点間を結び付ける。それがなぜ正しいか明確に証明できないが、最も簡明な直線の論理に則っており、これまでの経験事実において違反している例はないので、正しく成立しているとして受け入れているのである。

物理量のxとyが一次関数（$y=ax+b$）の場合を線形（関係）と言い、縦軸にy、横軸をxとした（デカルト座標の）グラフ上では直線で表される。線形であればただ一つの解（例えば$y=0$を満たすxの値）を得ることが容易である。他方、自然は多様な曲線で表されるが、それは一般にn次関数（$y=a_1x^n+a_2x^{n-1}+\cdots\cdots+a_nx+b$）で表され、非線形（関係）と言い、グラフ上では曲線で表される。関数次第でいくつもの解（$y=0$を満たすxの値）が存在する。そもそも解を求める方法に一般則がなく、解が求まってもどれが現実に実現している正解なのか決めるのは容易ではない。

人間の脳は線形関係にすると理解しやすいようで、自然が示すいくら複雑な曲線でも局所をクローズアップすれば直線に近づくから、次々と直線を直列に並べる近似をして理解しようとする。しかし、それでは真の自然の姿を捉えたことにならない。曲線の滑らかな曲がりをジグザグの直線で置き換えたら、重要な情報が失われてしまうことは確かであるからだ。つまり、人間の思考は自然の全容を捉えておらず、本質的な意味を取り落としている可能性があることは否定できない。

湯川秀樹の言葉は、そのことの意味深長な表現で、自然は本来非線形なものなのに、人間は線形で近似するしかない、その限界をよく考えるべきだと言いたいのだ。湯川は晩年になってから有限の大きさを持つ素粒子を考え、非線形の「素領域」理論に精力を費やした。そういえば、ハイゼンベルクも晩年には素粒子のすべてが説明できるとの非線形の最終方程式を提案した（アインシュタインも非線形の非局所場理論に凝ったことは前に述べた）。非線形世界に行かねば物理世界は理解できないと、科学者なら誰もが薄々感じているのだが、我々の如き凡百の人間には手は出せない。湯川やハイゼンベルクやアインシュタインは若くしてノーベル賞を受賞したような大天才で、偉大な業績を残したがために思い切った冒険ができたのだろう。結局、成果のない冒険に終わったのだが。

定性的記述と定量的記述

ガリレオが科学の命題は数学の言葉で書かれなければならないと述べたのだが、それは当時（一七世紀前半）まで隆盛した科学が博物学で、自然の事物・事象の記載・記録・形態の説明という方法を専らとする定性的な記述に飽き足らなかったためではないかと思われる。いくら詳細を数多く枚挙した記述をしても、一〇〇パーセントその特徴や変化を書き尽くすことはできないためである。例えば、坂道を転がり落ちる球の運動について、(A)球の大きさや材質や滑らかさと、(B)坂道の角度や高さや長さなどを、言葉で表現しようとすれば無限に言葉を費やさねばならない。しかし、(A)の球の大きさのみを変化させて他は同一とし、(B)の落下させる坂道の距離（角度と高さで決まる）と時間の関係を表示すればさまざまなケースに適用できる。このように、対象の本質的な性質を単純化して一般に適用できるよう数式で記載して結果を数値で示せば、(A)と(B)についての多数の条件も含みこむことができるのである。

定性的記述では対象をわかりやすく説明できるが、少し異なっただけの多数のケースを網羅し切れない。それに比べて数学を用いた定量的記述では、非常に多数のケースを数値の違いに吸収してしまうから簡便に結果を表示することが可能になる。さらに、実験をしていない物理量の範囲まで含みこむことができるから、数式表現は一般性を持ち得るし、曖昧さなく結果が表示できる。つまり、数学で定量的に表現すれば一般性・普遍性が獲得でき、厳密性・論理性を判断しやすく、応用性・展開性に長けているのだ。それにしても、人間が創造した数学であるのに、なぜ自然を過不足無く記述できるのか、なぜこんなにも物理学に有効であるのか、不思議なことである。

というわけで、科学であれば定量的な記述をしなければならないという風潮が強くなった。それはそれでいいのだが、定量的記述でしか科学が信用されないということになると、問題が生じてくる。まず、人間誰もが数量的あるいは数式で示された表現に慣れ受け入れて納得するかどうか、万人にとって定量的表現が理解しやすいかどうか自明ではない。日本で文系・理系の区別がなされているように、数式に慣れているか慣れていないかは人によって異なる。数学的表現が理系人間の共通言語になり、文系人間は理解できないのであれば、それは必ずしも正しいとは言い切れない。理系人間の隠語でしかなくなる可能性があるからだ。

そして、特に重要なこととして、定性的記述の決定的に大事な役割を言っておかねばならない。科学の最初の発見は定性的な報告であるということだ。最初の発見はいずれも「このようにしたらこうなった、思いがけない発見をした」として伝えられるから、これ以上定性的な表現はない。「世界初」とか「世界で唯一」は必然的に定性的なのである。何しろその段階で例示できる事象は一つしかないから、その現象・振る舞い・反応などを詳しく伝えるのが先決で、必然的に定性的記述にならざるを得ないのだ。

その後になって、極限状態下で類似現象があるとか、異なった条件下での異常現象であるというような発見が積み重ねられ、やがて誰もが扱う平凡な物理現象になっていく。さまざまなサンプルが集まることで定量化が可能になっていくのである。ならば誰もが最初から気づいてもいいはずだったのに、なぜ新発見だと言えなかったのかとの疑問を持つ。そうなのだ。定量的記述に慣れすぎてそれを至高と思うようになると、多くのサンプルを集めることしか眼中になくなるのである。そして、定性的記述をしなければならない事象の信号があっても、測定誤差とか、機械の誤作動とか、試薬の間違いであるとして捨ててしまうのだ。そこに大きな落とし穴がある。世界初の仕事はすべて定性的なのだが、数値的な正確さが期待できないデータは意味がないとして無視してしまうというわけだ。そこに宝があるというのに。

数値の正確さを競うような定量化を専らとする研究は、いくつも結果が出された後に数値の精度を問題にすることになる。定量的だと威張っても、その仕事は新しさにおいては二番手以下の研究でしかないということになる。トーマス・クーンのパラダイム論で言えば、パラダイム転換を促す本当に新規な仕事は定性的記述でなされ、定量的であることは求められない。パラダイムが定着してノーマル・サイエンスになると、専らその正確度が競われ、定量化がどんどん先鋭化していく。しかし、それは定まった概念をより精緻にするだけだから、本当に意味がある研究かどうか疑わしくなってしまうわけである。

天動説は太陽や他の惑星が地球を中心として円運動するモデルだが、軌道の詳細が観測で明らかにされるようになると、いくつもの円運動を重ね合わさねば定量的に軌道を再現できなくなってしまった。その結果、太陽系全体で八〇以上もの円運動が導入された。定量化の精度のみを追いかけるのに夢中になると、このような迷路に入り込んでしまうことになる。地球ではなく太陽を中心とする地動説に移ると問題の複雑さは一気に減少した。しかし、惑星が円運動するとのアリストテレス以来の信仰を捨てなかったため、再び定量化の罠に落ち込んだ。いくつもの円運動の重ね合わせで軌道運動を数値的に再現することに熱中することになってしまった。最後に、ケプラーが楕円軌道を持ち込んで惑星運動の謎は一気に解決されたのである。定性的記述の斬新性と定量的記述の正確性、その双方をにらみながら、いずれの記述に重点を置くべきかを決めていかなければならないと言えそうである。

相関関係と因果関係

二つの別々に変化する独立した事物や事象が、同調したかのように一方が変化すれば他方も変化するような場合に「相関」があると言う。互いに関連し合っているように見え、その間に何らかの関係が結ばれているかのように思えるためである。それを積極的に解釈して、一方が原因となって他方に結果が現れる（逆もある）というふうに「因果」の関係にあると解釈できることも多い。そのために科学の研究においても、何らかの現象（結果）の原因を探るために、それと相関関係がありそうな事物・事象を調べ上げ、それらが実際に因果関係で結ばれているかどうかを検証する、という手続きが採られる。

大雨が降れば洪水が起こり、干天が続けば水不足になるというふうに、二つの出来事を何の夾雑物もなしに結び付けられる（二つの距離が短い）場合、その因果関係は見やすいので答えは明確である。夕焼けになると翌日は晴れとか、月が暈を被ると雨が降るというような、多数の経験から帰納される相関則には、天気は西から変わるとか、月光が空気中の水蒸気で曲げられるとかの、余分の情報（科学的知見）が加わることで因果関係として受け入れられるようになる。科学とは、相関事象に加えるべき余分の情報のこと、特に目には見えない部分で生じている事柄について、推理し組み立て筋道を付けるという作業のことと言えるだろう。むろん、そこに人間の思考法の偏りがあることを押さえておく必要がある。

二つの事象は見かけは関連し合っているようだが、独立勝手に変化していて因果関係にはなく、第三の共通原因に対する二つの無関係な結果に過ぎないという場合がある。昔、ある交通係の巡査から、上弦の月の頃に交通事故が多発するとの相関があるとする本を書いたので推薦文を書いて欲しいという依頼があった。月が新月・上弦の月・満月・下弦の月・新月と位相を変えるのは、天上の太陽と地球と月の位置関係で決まっていることで、地上で生じている交通事故とはおよそ関係がないはずである。そう考えてその依頼は断ったのだが、さてなぜ見かけ上の相関が生じたのであるか考えてみた。交通事故は金曜日の夜か月曜日の朝に起こることが多い。その統計を素直に取れば簡単に相関が得られるのに、件の巡査はわざわざ月の位相との相関を調べたのである。そうすると、たまたま交通事故の件数を調べた数年は上弦の月が週末から週明けに集中していて、あたかも月齢との関係があるかのように見えたのであった。

このような見かけの相関は非常に多くあり、テレビが増えると高齢者の認知症が増えるという、何となく意味ありげな、しかし無意味な例もある。戦後日本が豊かになってテレビがどんどん普及したのとともに、衛生・健康・医療環境がよくなって高齢者が増え、その結果認知症も増えただけのことである。このように、この二つの増加が相関していることは事実なのだが、日本の経済成長という共通の原因がもたらしたことだから、二つの間に因果関係はない（この二つだけでなく、冷蔵庫やクーラーや車の普及率、医薬品や健康食品の売り上げ量、住宅やマンションの着工数などとの相関はいくらでも存在するだろう）。

ナマズが暴れると地震が起こるとか、地震の前には犬や鳥が暴れるということが報告されている。地震とは地下の岩盤が破壊されることで、破壊現象には電磁波の放出を伴うことがある。ライターで火が付くのは石をぶつけて小さく破壊して発火（電磁波発生）させているためである。これを根拠にして、ナマズは地震初期の岩盤が破壊し始める頃に発する非常に弱い電磁波を察知しているのだろう、犬や鳥も強い電磁波を感じて暴れるのだろう、と考えられる。それならば、地震研究所は金がかかる地下の岩盤の調査などは行わず、ナマズや犬や鳥を飼って暴れるかどうかを監視して地震予知に活かせばよいではないか、ということになるがそうしていない。なぜだろうか。

考えられることは、(1)ナマズが暴れた⇓地震が起こった、(2)ナマズは暴れなかった⇓地震は起こった、(3)ナマズが暴れた⇓地震は起こらなかった、(4)ナマズは暴れなかった⇓地震も起こらなかった、の四通りがあるが、ほとんどが(4)であり、残りの三ケースがどのような割合になるのか不明であるためだ。(1)のような相関があっても、偶然に近い非常に弱い相関なら雑音と見分けがつかず意味がないし、(2)や(3)のような相関であれば、そもそもナマズは地震を予知する能力がないことになる。科学は、こんなあやふやなことに頼るわけにはいかないのである。犬や鳥が暴れるのは事実のようだが、地震が起こる直前・直後だから「後知」するが「予知」の役には立たない。

人間は相関から無理やりにでも因果関係を導きたいというバイアス（心の傾き）が強く働いていることを思い出させる話がある。カマキリが秋に高い場所に卵を産み付けると大雪になるという、俄には信じられないが今でも雪国で俗信されている言い伝えである。実際にカマキリが、これから来る冬に降る雪の量を予知して卵を産み付ける場所を選んでいるとはとても思えないが、それを証明したとして博士の学位を授与された人がいる。秋の間にカマキリが卵を産み付けた場所を全部記録し、その平均の高さと積雪量との相関を調べ、それを何年も続けたという。場所によるデータの散らばりがあることも考慮したというのだが、果たしてどこまで厳密に論証したのだろうか疑問を持っている。人間の思考には、そうあれば楽しい（素晴らしい）からそうあって欲しいという偏りがあることに注意しなければならない。

と、相関関係と因果関係に関連する話題はいくつもあって楽しいが、最後に現在の深刻な地球環境問題について議論しておこう。地球の温暖化と空気中の二酸化炭素（CO_2）の増加の相関と因果関係についての問題である。この二つには相関があることは確かだが、(A)因果関係にはない、(B) CO_2 の増加が原因で温暖化が結果である、(C)温暖化が原因で CO_2 の増加は結果である、との三つの立場が主張されていて、最終的な一致が得られていない。その理由は地球環境問題は複雑系の典型で、一〇〇パーセントの確かさで明快な結論を下すことが困難であるためだ。そこに政治的思惑とか経済的考慮などが加わるから、科学の側面からだけの議論ではなくなっていると言わざるを得ない。

(A)は、そもそも地球は温暖化していない立場から、温暖化していても CO_2 の増加が原因ではなく太陽系外からの宇宙線のためであるとか、太陽がほんの少し活動度を上げているとか、大気変動の揺らぎに過ぎず数年たてば寒冷化する、などの主張がある。私は地球温暖化の事実はもはや否定できないと思うけれど、地球の気温の測定に偏りがあって、温暖化している地域のみがクローズアップされているに過ぎないと言う人も多い。温暖化していて欲しくないという気持ちが強くあるためだ。しかし、年々測定体制は充実しており、北極やグリーンランドやシベリアや南極などの広い地域の温暖化は着実に進んでいることから、温暖化を否定することはもはや不可能と思える。

(A)にはCO_2原因説を否定する派もある。その極論は、CO_2増加を地球温暖化の原因だと決めつけているのはCO_2を出さない原発を推進したい者たちが仕組んだ社会的陰謀であるとの論だろう。CO_2原因説を強調するIPCC（気候変動に関する政府間パネル）の科学者は原発推進派から賄賂を貰っているから信用できないと言う。パリ議定書は陰謀家の協定であるとし、CO_2の排出源として糾弾されている石炭火力だってOKというわけだ。こうなると政治的・経済的極論の応酬になっていて、科学的論争ではない。一般に、陰謀論は世界の常識をひっくり返すという楽しさがあって人々の気を引きやすいのだが、牽強付会の論が多くなって信用しがたく、眉に唾をつけるのがよさそうである。

私は、地球の温暖化の原因として挙げられているどの説も一〇〇パーセント確立されているとは言えないとしても、私たちの対応の仕方には決定的な差があるという立場を採っている。宇宙線や太陽の変動や大気の揺らぎは人間の手ではコントロールできないのに対し、CO_2原因説は人間の努力でCO_2の蓄積を減らして温暖化の脅威を低下させることができる、という意味で根本的に異なっているということだ。現在の世界の在り様や人間の生き方を顧みる契機として捉え、CO_2の削減に努力をすべきだと思っている。

というのは、空気中のCO_2が増えると海が酸性化して海洋資源が失われていく危険性がある。CO_2がどんどん増えていって、いつ何時温暖化や酸性化が暴走し始めるかもしれない。地球と双子の惑星と呼ばれている金星が、分厚いCO_2の大気に取り巻かれて灼熱の状態にあることを銘記すべきだろう。太陽からの距離が金星と地球で異なっていることから、同じような運命をたどるとは考えられないが、いつどこで暴走のような不安定化が起こるかわからないからだ。人間の思考法に、現在をそのまま延長して未来を推測するという習慣があり、一般には線形で変化すると仮定することが多い。線形思考に慣れているためだが、どこかの時点から非線形（二次関数や三次関数）で変化し始め、全く異なった状況が発現し得ることを知っておく必要がある。

さて、次に(B)と(C)のいずれであるかが問題になってくる。一般には(B)のCO_2の増加が温暖化を引き起こすとされており、CO_2の増加の抑制が求められている。これも線形思考に慣れているためと言えよう。というのは、(C)の温暖化がCO_2（温室効果ガス）の増加を引き起こすことも考えねばならないからだ。実際に、シベリアやグリーンランドの永久凍土が溶けており、地中に埋められていたメタンガス（CO_2の二四倍の温室効果を持つ）が空気中に放出されているらしい。温暖化すれば温室効果ガスが増えるということが生じているのだ。それによって温暖化が促進されれば、いっそう温室効果ガスが増え、いっそう温暖化が進み……という悪循環（温暖化とCO_2の増加の暴走過程）が生じる可能性があるのだ。まさに非線形効果で、ある瞬間を固定して考えたり、高々線形で延長したりすることの限界を知るべきだろう。

そのことは、次のような実例が過去の地球であり得たことが証明されている。南極や北極の氷床を深く掘って過去の氷を掘り出し、一〇〇万年以上昔の大気温度やCO_2の量を調べ、CO_2の量と地表の温度との相関を調べる研究が行われている。その結果は、CO_2が増えて地球が温暖化した時代もあるが、地球が温暖化してからCO_2が増えた時代もあった。むろん、CO_2が減少して地球が寒冷化した場合も、その逆もあった。相乗作用と言うべきで、二つの事象を切り離して別々に議論できないことがわかったのである。

私たちは、自然を切り離してその一つ一つの振る舞いを調べるという要素還元主義の方法を得意としているが、そのような方法では捉え切れない問題が多くあって、相関関係と因果関係が入り交じっていることを思考法の中に組み入れなければならない。

ドグマへの固執

科学者には、この説はもう多分ダメだろうなと思いつつも、それに代わる新しいアイデアがあるわけでもないので、非合理だけれどその説に固執するしかない、ということが多くある。人間は、そう思い切った新思考へ簡単に飛躍できるものではなく、同僚の多数がそう思い込んでいればよけいにそうなる。自分が「出る杭」になると異端だと見做され、学界で孤立したり、せっかくの職を失いかねない危険もあるとして、保守的で非合理な立場からなかなか脱し切れないからだ。

その一例が、先に述べた天動説だろう。元々、アリスタルコスが地動説を唱えたのだが、アリストテレスの権威が天動説を正統とさせ、プトレマイオス（通称トレミー）の数学的処理が功を奏して、その後一〇〇〇年の間人々が信じることになった。惑星運動の観測精度が上がるにつれ、円軌道に周転円運動を乗せ、さらに宇宙の中心であるはずの地球の位置からずれた点の周りを回るというような屋上屋を重ねて惑星運動を再現しようとした。アラビアの天文学者も苦労したようで、「神が私に相談してくれたらこんなに複雑にしなかっただろう」とぼやいたと言う。天動説の桎梏に囚われると、ひたすらこれに固執して自由な想像力を発揮できなかったのである。

コペルニクスが登場して天動説の殻を思い切って破って地動説を打ち出したが、ローマ教会のドグマから逃れられない天文学者たちは非合理に慣れていたのか、すぐに合理的な地動説に移ることがなかった。コペルニクスがアリストテレス以来の円運動に固執したため、惑星の軌道の楕円軌道の再現のためにいくつもの円軌道を重ね合わせねばならなかったこともある。「それでも地球は回っている」と言って地動説を支持したガリレオも円軌道派で、ケプラーの楕円軌道を認めず彗星は地球の大気中の現象だと思い込んでいた。天動説と円軌道、この二つのドグマ的思考からの脱出はなかなかできなかったのである。

一九世紀末の頃に問題であった仮想的な物質である「エーテル」については五五〜六〇ページに述べた。エーテルを信じていた当時の物理学者たちは、どんな物質にも入り込むことができ、時には鋼のように硬く、また時には水のように流れるという、矛盾した性質をエーテルに付与していた。おそらくエーテルは不合理極まりない物質と思っていただろうが、それがなければ光が伝わらないとのドグマに囚われて全否定することができなかったのだ。マイケルソン＝モーレーの実験に対しても、ローレンツ＝フィッツジェラルド収縮というような間に合わせのような仮説を持ち込んでエーテルを守ったのであった。ドグマを破るには、アインシュタインのような簡明率直な発想の転換（光の運動に媒質を必要としない）が必要であり、並の物理学者の思考ではなかなか踏み切れないのである。

ところがそのアインシュタインですら、粒子の位置と運動量を同時に決定することができない量子論を受け入れることができなかった。物理理論はすべての物理量が決定できねばならないとの古典物理学のドグマに固執したのである。先にアインシュタイン、ハイゼンベルク、湯川秀樹が晩年にはこぞって非線形理論に挑んだことを述べたが、天才はドグマに固執せず、一気に究極の世界に移ろうとする傾向もあるようである。並は手を出さず、天才は極端に走る、こうしてなかなか非合理のドグマを乗り越えられないのが科学の世界なのかもしれない。

「わけのわからない」理論

最近になって、新しい観測結果がこれまでのドグマと矛盾が生じたために、そのままでは非合理だと認めざるを得なくなった。しかし、それを乗り越えるべく飛び切りの新しいアイデアもないという事象に遭遇している。さて、どうしようかというわけである。そこで採用するのは、既存の理論とは矛盾しない範囲で、運動のデータとそこに働く力が整合的になるよう余分な物質やエネルギーを導入して辻褄を合わせる、という処方箋である。これまでのドグマへの根本的な革命を行うことをせずに当面の困難を乗り越えようという、ある意味で安直な解決法なのだが、手っ取り早く「解決」が得られるので意外と好評である。

宇宙論では、これまでの宇宙方程式の骨格は保存しつつ、そのままでは質量やエネルギーの欠損が生じてしまうため、ダークマターとダークエネルギーという仮想的な物質と未知のエネルギーを導入して理論の破綻を防ぐ策が講じられている。いずれも「ダーク」という言葉が冠詞としてついているように、「暗黒の」とか「闇に隠れている」という、まだ観測が及んでいないとの意味を装っているが、これから説明するように「わけがわからない」というのが本音ではないだろうか。いずれも間に合わせの「理論」でしかないことを知りつつ、今のところはそれ以上の知恵が出てこないので、あまり芸はないけれど、「とりあえず」それで妥協しておこうというわけである。

ダークマター（暗黒物質）というのは、電磁波で観測できないから暗黒（ダーク）なのだけれど、重力を及ぼすことができる物質（マター）が宇宙には大量にあるという問題である。それも通常の可視光線で観測できる星やガス（これを「バリオン」と呼ぶ）の存在量の、最低六倍は仮定しなければならない。例えば、回転している銀河の星やガスに働く遠心力の大きさを計算すると、星からの重力による引力の大きさと釣り合っているはずだが、実はそれではとても不足するのである。しかし、銀河は遠心力で飛び散っている様子はないから、星以外の見えない物質であるダークマター（「不可視物質」）の重力が働いていて安定形状を保っているとせざるを得ない。その必要量が星として輝いているバリオン量の六倍以上というわけである。

このようなダークマターの存在は、楕円形銀河や銀河団に存在する高温ガスの広がり（それから放射されるX線の観測でわかる）からも指摘されている。ダークマターによる重力が働かなければ高温ガスは流れ去ってしまうはずなのだが、そのまま長く銀河や銀河団に付属しているためである。高温ガスを銀河に引き付けるために必要なダークマターの量もバリオン量の六倍以上とされている。その他、銀河の近傍を通る光が曲げられるという重力レンズ効果（アインシュタインの一般相対性理論が予言した現象）からも、同じ量のダークマターの存在が推定されており、宇宙の至る所にダークマターが散らばっているようである。

ダークマターは、私たちや地球を構成する通常の物質（バリオン）ではなく、光（一般的には電磁波）を放たない（電磁相互作用しない）物質としなければならない。ダーク（暗黒）であるため、その像を撮って何であるかを調べることができず、その発見は困難を極めていることがおわかりだろう。ダークマターの存在が明確に指摘されたのは一九七〇年頃だから、もうすでに五〇年を経ているのだが、まだその正体については皆目わかっていないのだ。ニュートンそしてアインシュタインの重力理論を正しいとして、そのまま銀河や銀河団や重力レンズ現象の重力場の計算に適用して、ダークマターを導入しているのを疑うべきなのかもしれない。根本理論がドグマとなっている可能性である。

もう一つのダークエネルギーはもっと深刻な問題である。銀河集団レベルの一億光年以上の宇宙の非常に大きな領域には、物質を引き付ける重力（万有引力や一般相対性理論で記述される引力）以外に、物質が斥け合う力（互いを遠ざけるような斥力）が働いているとの問題が指摘されるようになったのが発端である。

もともと、アインシュタインが一般相対性理論を宇宙全体の運動の解析に適用したとき、ニュートン流の万有引力だけでは宇宙は潰れてしまう運命にあることに気づいた。宇宙が潰れてしまう運命にあるはずがないと考えたアインシュタインは、斥力として働く「宇宙項」を人為的に導入して宇宙が潰れるのを阻止したのであった。ニュートンの「万有」引力は質量を持つ物質すべてが有する力という意味であったが、アインシュタインの「宇宙項」は空間そのものが持つ斥け合う力という意味で「宇宙斥力」とも呼ばれている。

実は、アインシュタインは宇宙が潰れることはないと考えたのだが、それは彼の願望（信念、期待）であって、別に宇宙が潰れても構わないはずである。そのことに気づいたアインシュタインは「生涯最大の失敗」として宇宙項を取り下げた。仮想的な宇宙斥力はいったん立ち消えになったのである。

しかし一九九〇年頃には、非常に遠方の宇宙から近傍まで、その空間内に存在する銀河の運動（宇宙の膨張則）を詳細に観測することができるようになった。ビッグバンで急速な膨張を開始した宇宙は、最初は万有引力の作用で膨張にブレーキがかかっていた（減速していた）が、ある時刻から膨張が速くなっている（加速されている）らしいという観測結果が得られるようになったのだ。これは、宇宙が広がるにつれ物質間の距離が大きくなって万有引力は弱くなる一方、宇宙空間がより広くなると空間そのものが持つ斥力のエネルギーが大きくなって万有引力を上回るようになる。その結果、宇宙空間を斥け合う力が大きく卓越して加速膨張させることになった、と解釈されることになった。アインシュタインの「宇宙項」の復活で、これがダークエネルギーである。

まとめると、ダークエネルギーは宇宙空間に内蔵されていて、宇宙の広い領域に斥力として作用する、という奇妙な（「わけのわからない」）性質を持っていることになる。それだけでなく、ダークエネルギーの総量は宇宙に存在するバリオン全体の静止質量エネルギーの一五倍近くにもなり、宇宙空間はとてつもなく大量のエネルギーを内部に隠し持っていることにならざるを得ない。宇宙斥力によって宇宙が加速膨張していることは、宇宙の年齢が約一三八億年であることとも整合的である。加速膨張がないとすると、宇宙年齢は短くなってしまうからだ。

このように、宇宙の膨張則や宇宙年齢から言えばダークエネルギーの存在を受け入れざるを得ないのだが、何だかアインシュタインの権威に頼った安直な解決策に過ぎないと言えないでもない。アインシュタインの宇宙方程式に依拠し、そこにアインシュタインがいったん捨てた「宇宙項」を復活させて、それを宇宙斥力＝ダークエネルギーと解釈しているからだ。やはり、アインシュタインのドグマに囚われているのではないだろうか。さらに、一七〇頁に紹介した奇妙な物質のクインテッセを導入するとなると、何をか言わんや、である。

ダークマターとダークエネルギーという正体不明の物質やエネルギーを持ち込んで、現代宇宙論が組み立てられているのだが、私には喉に突き刺さった骨のように感じられて居心地が悪い。ロートルの私には、これら二つのダーク成分に代わる名案は無く、ただこうしてボヤくしかないのだが、この難問は人間の思考力の限界を示しているのではないかと思っている。

学術文庫版あとがき

本書の原本を出版したのは、ほぼ一〇年前のことになる。通常の定年の年齢はとっくに過ぎており、物理学に対して新しい寄与は何もできないと思い定める年齢に達していた。とはいえ、長年にわたって付き合ってきた物理学へのオマージュを何らかの形として残しておきたいと考えてもいた。物理学の原理や法則を学び、その有効性を実感してきた人間として、その思いをそのまま死蔵してしまうのは勿体ないことだと思っていたのである。そこで、特に物理学に興味を持つ若い人たちの参考になるよう、基礎に立ち返った本を書くことにして書き上げたのであった。物理学（のみならず科学一般）で使われている「原理や法則」についての基礎をきちんと語り、それが自然界の物質構造とどのような関係になっているか、を総まとめしたかったのである。少々欲張りすぎて舌足らずなところもあるが、広く物理学についてて知りたいと思っている方々に対する入門書となったのではないかと自負していた。これで長くお世話になった物理学へのお礼ができたとして、物理学への未練を断ち切ったつもりで、本書に手を触れることもなかった。

ところが、思いがけなく講談社の学術文庫の一冊として再録したいという話が持ち込まれた。もう物理学からはリタイアしましたと言うべきだったのだが、やはり昔取った杵柄で、一〇年前にどんな本を書いたかを読み直すことになった。物理学あるいは科学とのかかわり方を見直すのに、この一〇年はちょうどよい長さであったこともあり、原本の良さを活かしながら、現在の自分の物理観・科学観を表すことができないかと思ったのである。私が老年期に入ったことも大いに関係するのだが、物理学の原理や法則の解説だけでなく、それらが発見された背景や現実への影響とともに、物質世界の見方や自然と向かい合う物理学者がどのような思考や思想や習癖を持っているかについて述べておきたいと思ったからだ。

そこで、第4章までは原本の記述を活かしながら正確さを期して、物理学の概念が鮮明になるように努めた。そして、第5章の「自然の論理と人間の思考」を大幅に書き替え、前章までの内容と重複することを恐れず新たに書き足すことにした。一〇年前の自分とは違った観点から、自然そのものが持つ多様性（自然の論理）を念頭に置きながら、自然に向き合う物理学者の研究法の特徴（人間の思考）を描き出そうと考えたのだ。そこで「自然の論理──多様な可能性からの自然の選択」という節と、「人間の思考──多様な可能性からの人間の選択」という節の二つに分け、物理学を創り上げる上での「自然」と「人間」の、それぞれ異なった選択があることを提示することにした。自然がその論理に従った選択を行って私たちの目前に展開している自然そのものの姿と、人間の思考法や研究手法などの探究上の都合で選択し組み上げている自然の姿に、齟齬やズレや妥協がないかを検討したかったのだ。果たして私たちは虚心に自然を見つめているか、私たちの都合で捻じ曲げて自然を見ているのではないか、との反省の思いもあってのことである。さらに、自然現象を把握しようとする現在の物理学者（人間と言い換えてもいいが）の思想的驕慢さへの批判を込められないかとも考えた。むろん、それを露骨に言うほど私は独りよがりな人間ではないつもりなので綿に包んだ表現になったのだが、何だか人間が自然を征服したような気分が科学の世界に広がっているような気がして、「自然の論理」に対しての「人間の思考」の独善性をあえて付け加えたのである。

つまり、物理学者たちは自然を解剖するための多くの手法・手段を発見し、自然の多様な側面を炙り出してきたのだが、まだ部分でしかないという意識は持たねばならない。物理学者は自らの存在の希少さを熟知しなければならないからである。しかし、他方ではこれほど多面的に自然を攻撃しているのだから、そろそろ限界に来ているのではないかとの疑念も生じてくる。事実、相対論であれ量子論であれ、世界を支配する根源的な物理法則が発見されてもう一〇〇年近くの年月を経ているのに変わらないままであり、新たな究極の法則は姿を現そうとしていない。我々は自然の論理の限界に達しているのではないか、そう考えるようになってもいる。実際、既存の法則は見事に物質世界を貫徹しており、物理学の勝利を語っているからだ。

このような状況を俯瞰してみれば、自然に立ち向かう人間の思考、つまり人間が創り上げている宇宙観・自然観を問い直すべき時期が来ているのではないだろうか。自然をいかなる視点から眺め、いかなる方法で解剖しようとしているかを見直し、偏りがないか検証する作業の必要性があるからだ。というのは、これまで積み上げてきた多くの実績を基にして、人間の能力を高く評価し、今や人間は限界に挑んでいるとの強い自信を持つようになっている側面がある。ところが私は、現在の第一線にある物理学者のその心理を称えつつ、危険なのではないかと警告を発したいと思ってもいるのである。それは、まさに物理学の老兵となった自分が発することができる唯一の言葉であり、第5章にその辺々を書き遺してきたつもりである。

特に私が強調したかったのは、自然は単純な因果の結びつきによって説明できるものではなく、多様で複雑で迂回するような結びつきの中で、いかなる姿にも展開できるという可能性を内包しているということである。それはまさに「複雑系」の仕組みで、その解明にこそ未来の物理学の本源があると思っている。本書は単純系を専らとしてきた物理学の王道を述べてきたのだが、まだこのような本を書くに至っていない複雑系の世界が控えていることを、ほんの少しだが述べたいと思ったのだ。本書を書き直す機会はもうないと思うが、これを受け継いで複雑系にまでおよぶ「人間の思考」のより広い世界へと誘い、「自然の論理」を単純系とは異なった論理によって根底から読み解いてくれる、そんな新しい物理学に向けてバトンタッチができると幸いである。

本書を校訂する上において講談社学術図書編集チームの青山遊氏にお世話になりました。感謝申し上げます。

二〇二〇年一一月

池内　了

KODANSHA

本書は、二〇一一年にPHP研究所より刊行された『これだけは知っておきたい物理学の原理と法則』を改題、加筆修正したものです。

池内 了（いけうち さとる）

1944年兵庫県生まれ。京都大学大学院理学研究科物理学専攻博士課程修了。名古屋大学名誉教授，総合研究大学院大学名誉教授。理学博士。専門は宇宙論，科学技術社会論。『物理学と神』『科学の考え方・学び方』『科学・技術と現代社会』『科学者と戦争』『科学者と軍事研究』『司馬江漢』など，著書多数。講談社科学出版賞，産経児童出版文化賞，毎日出版文化賞特別賞など受賞。

講談社学術文庫

定価はカバーに表示してあります。

物理学《ぶつりがく》の原理《げんり》と法則《ほうそく》

科学《かがく》の基礎《きそ》から「自然《しぜん》の論理《ろんり》」へ

池内《いけうち》 了《さとる》

2021年２月９日 第１刷発行
2023年４月24日 第４刷発行

発行者 鈴木章一
発行所 株式会社講談社
東京都文京区音羽 2-12-21 〒112-8001
電話 編集（03）5395-3512
販売（03）5395-4415
業務（03）5395-3615
装 幀 蟹江征治
印 刷 株式会社広済堂ネクスト
製 本 株式会社国宝社
本文データ制作 講談社デジタル製作

© Satoru Ikeuchi 2021 Printed in Japan

落丁本・乱丁本は，購入書店名を明記のうえ，小社業務宛にお送りください。送料小社負担にてお取替えします。なお，この本についてのお問い合わせは「学術文庫」宛にお願いいたします。
本書のコピー，スキャン，デジタル化等の無断複製は著作権法上での例外を除き禁じられています。本書を代行業者等の第三者に依頼してスキャンやデジタル化することはたとえ個人や家庭内の利用でも著作権法違反です。Ⓡ〈日本複製権センター委託出版物〉

ISBN978-4-06-522482-3

「講談社学術文庫」の刊行に当たって

これは、学術をポケットに入れることをモットーとして生まれた文庫である。学術は少年の心を養い、成年の心を満たす。その学術がポケットにはいる形で、万人のものになることは、生涯教育をうたう現代の理想である。

こうした考え方は、学術を巨大な城のように見る世間の常識に反するかもしれない。また、一部の人たちからは、学術の権威をおとすものと非難されるかもしれない。しかし、それはいずれも学術の新しい在り方を解しないものといわざるをえない。

学術は、まず魔術への挑戦から始まった。やがて、いわゆる常識をつぎつぎに改めていった。学術の権威は、幾百年、幾千年にわたる、苦しい戦いの成果である。こうしてきずきあげられた城が、一見して近づきがたいものにうつるのは、そのためである。しかし、学術の権威を、その形の上だけで判断してはならない。その生成のあとをかえりみれば、その根は常に人々の生活の中にあった。学術が大きな力たりうるのはそのためであって、生活をはなれた学術は、どこにもない。

開かれた社会といわれる現代にとって、これはまったく自明である。生活と学術との間に、もし距離があるとすれば、何をおいてもこれを埋めねばならない。もしこの距離が形の上の迷信からきているとすれば、その迷信をうち破らねばならぬ。

学術文庫は、内外の迷信を打破し、学術のために新しい天地をひらく意図をもって生まれた。文庫という小さい形と、学術という壮大な城とが、完全に両立するためには、なおいくらかの時を必要とするであろう。しかし、学術をポケットにした社会が、人間の生活にとってより豊かな社会であることは、たしかである。そうした社会の実現のために、文庫の世界に新しいジャンルを加えることができれば幸いである。

一九七六年六月

野間省一

自然科学

今西錦司著（解説・小原秀雄）

進化とはなにか

正統派進化論への疑義を唱える著者は名著『生物の世界』以来、豊富な踏査探検と卓抜な理論構成とで、〝今西進化論〟を構築してきた。ここにはダーウィン進化論を凌駕する今西進化論の基底が示されている。

1

朝永振一郎《ともながしんいちろう》著（解説・伊藤大介）

鏡の中の物理学

〝鏡のなかの世界と現実の世界との関係は……〟この身近な現象が高遠な自然法則を解くカギになる。科学と量子力学の基礎を、ノーベル賞に輝く著者が一般読者のために平易な言葉とユーモアをもって語る。

31

湯川秀樹著（解説・片山泰久）

目に見えないもの

初版以来、科学を志す多くの若者の心を捉えた名著。自然科学的なものの見方、考え方を誰にもわかる平易な言葉で語る珠玉の小品。真実を求めての終りなき旅に立った著者の研ぎ澄まされた知性が光る。

94

湯川秀樹著

物理講義

ニュートンから現代素粒子論までの物理学の展開を、歴史上の天才たちの人間性にまで触れながら興味深く語った名講義の全録。また、博士自身が学生時代の勉強法を随所で語るなど、若い人々の必読の書。

195

W・B・キャノン著／舘　鄰・舘　澄江訳（解説・舘　鄰）

からだの知恵　この不思議なはたらき

生物のからだは、つねに安定した状態を保つために、さまざまな自己調節機能を備えている。本書は、これをひとつのシステムとしてとらえ、ホメオステーシスという概念をはじめて樹立した画期的な名著。

320

牧野富太郎著（解説・伊藤　洋）

植物知識

本書は、植物学の世界的権威が、スミレやユリなどの身近な花と果実二十二種に図を付して、平易に解説したもの。どの項目から読んでも植物に対する興味がわき、楽しみながら植物学の知識が得られる。

529

《講談社学術文庫　既刊より》

自然科学

計見一雄著
統合失調症あるいは精神分裂病　精神医学の虚実
昏迷・妄想・幻聴・視覚変容などの症状は何に由来するのか？「人格の崩壊」「知情意の分裂」などの謬見はしだいに正されつつある。脳研究の成果も参照し、病の本態と人間の奥底に蠢く「原基的なもの」を探る。

2414

原　克《かつみ》著（解説・佐藤良明）
流線形の考古学　速度・身体・会社・国家
空気力学の精華、速度・燃費・形状革命として作られた「流線形」車エアフロー。それは社会の事象全体に関してムダの排除、効率化、社会浄化を煽る記号となる。二〇世紀前半を席巻した流線形の科学神話を通覧。

2472

アルバート・アインシュタイン著／井上　健訳（解説：佐藤　優／筒井　泉）
科学者と世界平和
ソビエトの科学者との戦争と平和をめぐる対話「科学者と世界平和」。時空の基本概念から相対性理論の着想、統一場理論への構想まで記した「物理学と実在」。平和と物理学、それぞれに統一理論はあるのか？

2519

村上陽一郎著
日本近代科学史
明治維新から昭和を経て、科学と技術の国になった日本。だが果たして日本人は、西欧に生まれ育った〝科学〟を本当に受け容れたのか。西欧科学から日本文化の五〇〇年を考察した、壮大な比較科学思想史！

2525

中橋孝博著
日本人の起源　人類誕生から縄文・弥生へ
日本列島の旧石器時代はいつからか？　縄文から弥生への移行の真相は？　明治以来の大論争を、古人類学の第一人者が最新人類学の到達点から一望検証。何がどこまでわかり、残される謎は何か、明快に解説する。

2538

池内　了著
物理学と神
物理学は神を殺したか？　アリストテレスから量子力学まで、人間は至高の存在といかに対峙してきたか。「神という難問」に翻弄され苦闘する科学史を、名手が軽妙かつ深く語るサイエンス・ヒストリー！

2541

自然科学

近代科学を超えて
村上陽一郎著
クーンのパラダイム論をふまえた科学理論発展の構造を分析。科学の歴史的考察と構造論的考察から、科学史と科学哲学の交叉するところに、科学の進むべき新しい道をひらいた気鋭の著者の画期的科学論である。
764

数学の歴史
森　毅著
数学はどのように生まれどう発展してきたか。数学史を単なる記号や理論の羅列とみなさず、あくまで人間の文化的な営みの一分野と捉えてその歩みを辿る。知的な挑発に富んだ、歯切れのよい万人向けの数学史。
844

数学的思考
森　毅著（解説・野崎昭弘）
「数学のできる子は頭がいい」か、それとも「数学などやる人間は頭がおかしい」か。ギリシア以来の数学的思考の歴史を一望。現代数学・学校教育の歪みを一刀両断。数学迷信を覆し、真の数理的思考を提示。
979

魔術から数学へ
森　毅著（解説・村上陽一郎）
西洋に展開する近代数学の成立劇。小数はどのように生まれたか、対数は、微積分は？　宗教戦争と錬金術が猖獗を極める十七世紀ヨーロッパでガリレイ、デカルト、ニュートンが演ずる数学誕生の数奇な物語。
996

構造主義科学論の冒険
池田清彦著
旧来の科学的真理を問直す卓抜な現代科学論。科学理論を唯一の真理として、とめどなく巨大化し、環境破壊などの破滅的状況をもたらした現代科学。多元主義にもとづく科学の未来を説く構造主義科学論の全容。
1332

新装版解体新書
杉田玄白著／酒井シヅ現代語訳（解説・小川鼎三）
日本で初めて翻訳された解剖図譜の現代語訳。オランダの解剖図譜『ターヘル・アナトミア』を玄白らが翻訳。日本における蘭学興隆のきっかけをなし、また近代医学の足掛りとなった古典的名著。全図版を付す。
1341

沼田　眞・岩瀬　徹著
図説　日本の植生
植物を群落として捉え、長年の丹念なフィールドワークをもとにまとめた労作。植物と生育環境の関係に視点を据え、群落の分布と遷移の特徴を簡明に説いた入門書で、日本列島の多様な植生を豊富な図版で展開。
1534

梶田　昭著（解説・佐々木　武）
医学の歴史
盛り沢山の挿話と引例。面白く読める医学史。絶えざる病との格闘。人間の叡智を傾けた病気克服のドラマとは？　主要な医学書の他、思想や文学書の文書まで自在に引用し、人類の医学発展の歩みを興味深く語る。
1614

牧野富太郎著
牧野富太郎自叙伝
植物分類学の巨人が自らの来し方をふり返る。幼少時から植物に親しみ、独学で九十五年の生涯の殆どを植物研究に捧げた牧野博士。貧困や権威に屈せず、信念を貫き通した博士が、独特の牧野節で綴る「わが生涯」。
1644

佐貫亦男著
不安定からの発想
ライト兄弟の飛行を可能にしたのは、勇気と主体的な制御思想だった。過度な安定に身を置かず、自らが操縦桿を握り安定を生み出すのだ、と。航空工学の泰斗が現代人に贈る、不安定な時代を生き抜く逆転の発想。
2019

寺田寅彦著（解説・畑村洋太郎）
天災と国防
地震・津波・火災・大事故・噴火などの災害についての論考やエッセイ十一編を収録。物理学者にして名随筆家は、平時における天災への備えと災害教育の必要性を説く。未曾有の危機を迎えた日本人の必読書。
2057

貝塚爽平著（解説・鈴木毅彦）
東京の自然史
大地震で数ｍも地表面が移動する地殻変動、一〇〇ｍ以上もあった氷河期と間氷期の海水面の変化……。百万年超のスパンで東京の形成過程を読み説く地形学による東京分析の決定版！　散歩・災害ＭＡＰにも。
2082